앙코르와트,
지금
이 순간

어느
여행상품
기획자의
이야기

앙코르와트,
지금
이 순간

김문환 지음

이담
Books

YOUR WELL BEING AND COMFORT IS OF UTMOST IMPORTANCE TO US

...E ROYALLEY COMMITTED TO PRESERVING THE PRECIOUS NATURAL RESOURCES OF...

...WE WILL CONTINUE TO REFRESH ALL LINENS AND TOWELS ON A DAILY BASIS, TW...

...OS YOU CHOOSE TO PLACE THIS CARD ON THE BED AND HANG YOUR TOWELS IN...

THE DECISION IS YOURS

...and mainly after the second night of your stay

• • • 2011년 어느 날, 여행업을 첫 직업으로 삼게 되면서 여러 파트 중 상품기획자(수배)라는 파트를 맡게 되었다. 일을 시작하면서 세계의 여러 나라 중 어떤 나라를 경험하고 상품을 만들 수 있을까 하는 설렘으로 가득 찼다. 물론 경험하지 못한 유럽, 남미, 미주지역을 은근히 기대하면서 말이다. 하지만 나에게 다가온 지역은……

'동남아'

필리핀 어학연수 경험이 있어서 여기로 온 것인지, 외모의 영향인지, 알 수 없는 이유 속에 동남아사업부의 일원이 되었다.

'그래, 필리핀 연수경험으로 동남아부서에 발령받았나 보다'라고 착각을 하는 동시에 '아니면 태국도 맘에 들어' 이렇게 혼자 플랜B까지 생각했다. 하지만 이런 안도감도 잠시, '인도차이나' 팀으로 배정이 되었고, '캄보디아' 상품기획자의 업무를 맡게 되었다.

"캄보디아……??"

순간 머릿속이 하얘지면서, 내가 상상한 필리핀의 '보라카이', 태국의 '푸켓'은 하얀 연기처럼 사라졌다. 그리고 천천히 캄보디아를 떠올려보았다. 당시 내가 알고 있던 캄보디아는 '가난한 나라', '베트남 옆에 있는 나라', '영화 〈알포인트〉' 그리고 세계문화유산인 '앙코르와트'가 전부였다. 결론은 '관심이 없는 나라'로 좁혀졌다. 누구나 그러하듯, 처음 접하는 가보지도 못한 나라를 이해하기란 쉽지 않다. 캄보디아는 유적지 이름 하나조차 기억하기 어려웠다. '크메르', '압사라', '뱅밀리아', '타프롬', '톤레삽' 등 이런 단어의 뜻을 이해하고 완전히 내 것으로 만들기엔 꽤나 많은 시간이 걸렸다. 이후 지금까지 2년을 약 104주로 계산했을 때 하루 10시간, 주 5일이면 50시간, 104주면 5,200시간을 훌쩍 넘어 캄보디아와 함께하고 있다. 때론 현지에서, 때론 사무실에서 캄보디아 현지와 소통하면서 하루하루를 보내며 이제는 필리핀, 태국보다 캄보디아가 좋아졌다.

나날이 캄보디아라는 나라에 관심과 지식이 쌓이고, 여러 관광객들을 접하게 되면서, 내가 알고 있는 캄보디아 이야기를 공유하고 싶어졌다. 처음엔 취미 삼아 블로그를 시작하여 간단한 호텔 및 여행정보를 담다가, 문득 책을 쓰고 싶다는 커다란 욕구가 솟아올랐다. 캄보디아 상품기획자로서 책 한 권을 남기고 싶다는 욕구.

평생 이 지역 업무를 계속한다는 보장이 없고, 업무를 담당하고 있는 지금이 바로 책을 쓰기 위한 최적기라고 판단하였다.

'그래! 책을 써보자.'

매일매일 현지와의 소통이 가능하고, 정보를 얻기 용이한 이점을 이용해 '가이드북'을 쓰고 싶었다. 하지만 얼마 지나지 않아 정보제공이라는 가이드북의 틀에서 벗어나고 싶어졌다. 매일매일 경험하면서 느낀 나만의 현실적인 여행정보와, 관광객들이 캄보디아 여행을 하면서 만족하는 부분 및 불만에 대해 너무나 잘 알고 있기에, 이런 점을 활용해 솔직한 정보를 담고 싶었기 때문이다.

이 책에서는 유적지 하나하나의 이론적인 상세한 내용은 크게 다루지 않았다. 이런 정보는 고맙게도 시중의 여러 가이드북에서 자세히 다루고 있기 때문이다. 대신, 상품기획자가 보장하는 실속 있는 여행 준비법과 이야기를 담아 캄보디아 여행을 준비하는 독자들에게 두꺼운 가이드북이 아닌 가볍게 읽고 즐기는 지침서이자 여행의 '나침반'이 되리라 확신한다.

끝으로 이 책을 준비하는 동안 항상 옆에서 응원해준 사랑하는 우리 가족과 지연이, 부족한 사진자료를 협조해준 아름이, 꿈 지킴이 파워블로거 화준이, 이외에 응원해준 모든 이들과 책이 나올 수 있게 함께 작업한 한국학술정보(주) 이담북스에 감사드린다.

김문환

Chapter 3 주연만큼 빛나는 조연급 씨엠립 관광지

Chapter 4 '뜻깊은 여행의 안식처', 힐링 타임

☆ 여유 있는 힐링투어 5일(1DAY 티켓 사용)

To whom?
유적지는 앙코르와트를 포함하여 하루만 구경하고, 여유 있는 여행을 원한다면!

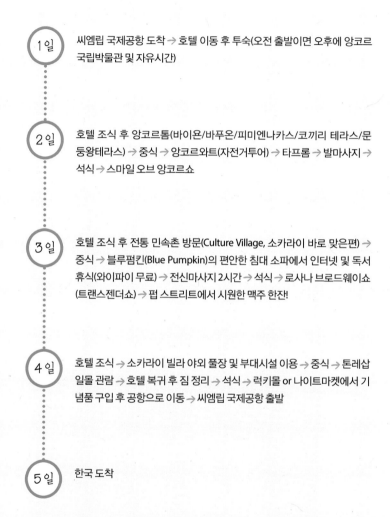

1일 씨엠립 국제공항 도착 → 호텔 이동 후 투숙(오전 출발이면 오후에 앙코르 국립박물관 및 자유시간)

2일 호텔 조식 후 앙코르톰(바이욘/바푸온/피미엔나카스/코끼리 테라스/문둥왕테라스) → 중식 → 앙코르와트(자전거투어) → 타프롬 → 발마사지 → 석식 → 스마일 오브 앙코르쇼

3일 호텔 조식 후 전통 민속촌 방문(Culture Village, 소카라이 바로 맞은편) → 중식 → 블루펌킨(Blue Pumpkin)의 편안한 침대 소파에서 인터넷 및 독서 휴식(와이파이 무료) → 전신마사지 2시간 → 석식 → 로사나 브로드웨이쇼 (트랜스젠더쇼) → 펍 스트리트에서 시원한 맥주 한잔!

4일 호텔 조식 → 소카라이 빌라 야외 풀장 및 부대시설 이용 → 중식 → 톤레삽 일몰 관람 → 호텔 복귀 후 짐 정리 → 석식 → 럭키몰 or 나이트마켓에서 기념품 구입 후 공항으로 이동 → 씨엠립 국제공항 출발

5일 한국 도착

＊ 레이트 체크아웃을 미리 신청하여 여유 있게 호텔에서 짐을 정리하고 여행을 마무리하자.

☆ 유적지 집중 일정

5일(3DAY 티켓사용)

To whom?
처음 씨엠립을 여행하는 이들에게 적합한 부담 없는 알찬 일정!

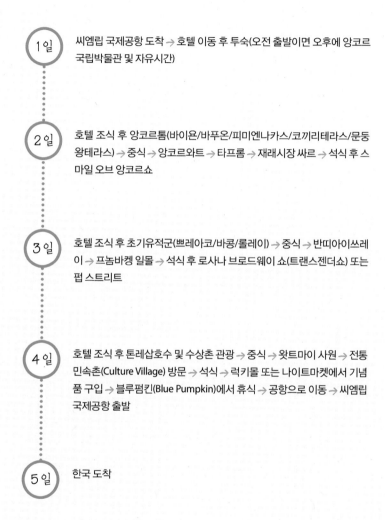

1일 씨엠립 국제공항 도착 → 호텔 이동 후 투숙(오전 출발이면 오후에 앙코르 국립박물관 및 자유시간)

2일 호텔 조식 후 앙코르톰(바이욘/바푸온/피미엔나카스/코끼리테라스/문둥 왕테라스) → 중식 → 앙코르와트 → 타프롬 → 재래시장 싸르 → 석식 후 스마일 오브 앙코르쇼

3일 호텔 조식 후 초기유적군(쁘레아코/바콩/롤레이) → 중식 → 반띠아이쓰레이 → 프놈바켕 일몰 → 석식 후 로사나 브로드웨이 쇼(트랜스젠더쇼) 또는 펍 스트리트

4일 호텔 조식 후 톤레삽호수 및 수상촌 관광 → 중식 → 왓트마이 사원 → 전통 민속촌(Culture Village) 방문 → 석식 → 럭키몰 또는 나이트마켓에서 기념품 구입 → 블루펌킨(Blue Pumpkin)에서 휴식 → 공항으로 이동 → 씨엠립 국제공항 출발

5일 한국 도착

---

* 프놈바켕은 300명 제한으로 15시 30분까지는 정상에 올라가 있어야 일몰 관람이 가능하다.

3DAY 티켓사용

To whom?
조금 더 자세히 알아보는 앙코르 유적지!

1일 씨엠립 국제공항 도착 → 호텔 이동 후 투숙(오전 출발이면 오후에 앙코르 국립박물관 및 자유시간)

2일 호텔 조식 후 앙코르톰(바이욘/바푸온/피미엔나카스/코끼리테라스/문둥 왕테라스) → 중식 → 앙코르와트 → 타프롬 → 재래시장 싸르 → 석식 → 스 마일 오브 앙코르쇼

3일 호텔 조식 후 초기유적군(쁘레아코/바콩/롤레이) → 중식 → 반띠아이쓰레 이 → 프놈바켕 일몰 → 석식 → 로사나 브로드웨이쇼(트랜스젠더쇼)

4일 호텔 조식 후 벵밀리아 → 중식 → 쁘라삿 끄라반 → 쓰라쓰랑 → 반띠아이 끄데이 → 쁘레룹 → 석식 → 펍 스트리트에서 시원한 맥주 한잔!

5일 호텔 조식 후 톤레삽호수 및 수상촌 관광 → 중식 → 왓트마이 사원 → 전통 민속촌(Culture Village) 방문 → 석식 → 럭키몰 또는 나이트마켓에서 기념 품 구입 → 블루펌킨(Blue Pumpkin)에서 휴식 → 공항으로 이동 → 씨엠립 국제공항 출발

6일 한국 도착

7DAY 티켓사용

To whom?
이 정도면 씨엠립 유적지 마스터?

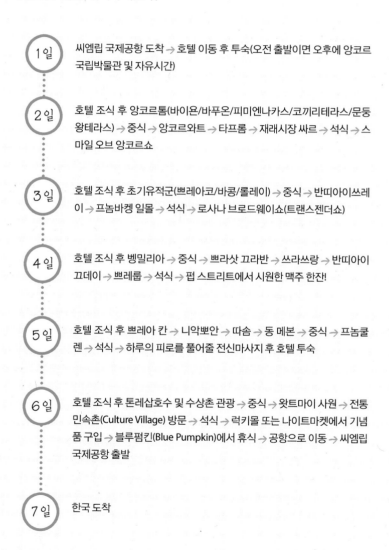

1일 씨엠립 국제공항 도착 → 호텔 이동 후 투숙(오전 출발이면 오후에 앙코르 국립박물관 및 자유시간)

2일 호텔 조식 후 앙코르톰(바이욘/바푸온/피미엔나카스/코끼리테라스/문둥 왕테라스) → 중식 → 앙코르와트 → 타프롬 → 재래시장 싸르 → 석식 → 스 마일 오브 앙코르쇼

3일 호텔 조식 후 초기유적군(쁘레아코/바콩/롤레이) → 중식 → 반띠아이쓰레 이 → 프놈바켕 일몰 → 석식 → 로사나 브로드웨이쇼(트랜스젠더쇼)

4일 호텔 조식 후 벵밀리아 → 중식 → 쁘라삿 끄라반 → 쓰라쓰랑 → 반띠아이 끄데이 → 쁘레룹 → 석식 → 펍 스트리트에서 시원한 맥주 한잔!

5일 호텔 조식 후 쁘레아 칸 → 니악뿌안 → 따솜 → 동 메본 → 중식 → 프놈쿨 렌 → 석식 → 하루의 피로를 풀어줄 전신마사지 후 호텔 투숙

6일 호텔 조식 후 톤레삽호수 및 수상촌 관광 → 중식 → 왓트마이 사원 → 전통 민속촌(Culture Village) 방문 → 석식 → 럭키몰 또는 나이트마켓에서 기념 품 구입 → 블루펌킨(Blue Pumpkin)에서 휴식 → 공항으로 이동 → 씨엠립 국제공항 출발

7일 한국 도착

☆ 한 장의 추억! 출사 일정 5일

To whom?
사진과 함께 한 장의 추억을 남길 그대에게!

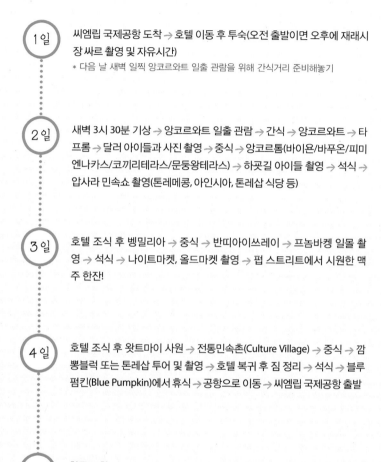

1일
씨엠립 국제공항 도착 → 호텔 이동 후 투숙(오전 출발이면 오후에 재래시장 싸르 촬영 및 자유시간)
* 다음 날 새벽 일찍 앙코르와트 일출 관람을 위해 간식거리 준비해놓기

2일
새벽 3시 30분 기상 → 앙코르와트 일출 관람 → 간식 → 앙코르와트 → 타프롬 → 달러 아이들과 사진 촬영 → 중식 → 앙코르톰(바이욘/바푸온/피미엔나카스/코끼리테라스/문둥왕테라스) → 하곳길 아이들 촬영 → 석식 → 압사라 민속쇼 촬영(톤레메콩, 아인시아, 톤레삽 식당 등)

3일
호텔 조식 후 벵밀리아 → 중식 → 반띠아이쓰레이 → 프놈바켕 일몰 촬영 → 석식 → 나이트마켓, 올드마켓 촬영 → 펍 스트리트에서 시원한 맥주 한잔!

4일
호텔 조식 후 왓트마이 사원 → 전통민속촌(Culture Village) → 중식 → 깜뽕블럭 또는 톤레삽 투어 및 촬영 → 호텔 복귀 후 짐 정리 → 석식 → 블루펌킨(Blue Pumpkin)에서 휴식 → 공항으로 이동 → 씨엠립 국제공항 출발

5일
한국 도착

* 레이트 체크아웃을 미리 신청하여 여유 있게 호텔에서 짐을 정리하고 여행을 마무리하자.

☆ 봉사 일정 5일

How?
자유여행 시 개인적으로 봉사진행이 어려우므로 봉사기관이나 여행사 상품을 통
해 진행하는 걸 추천!

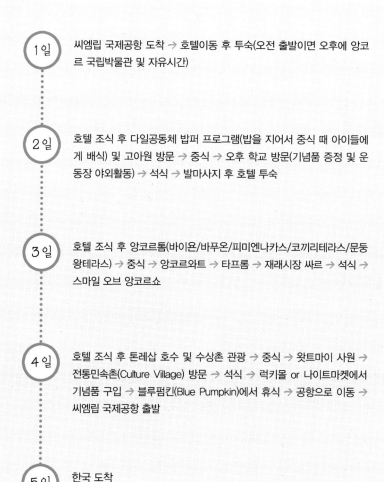

1일 씨엠립 국제공항 도착 → 호텔이동 후 투숙(오전 출발이면 오후에 앙코르 국립박물관 및 자유시간)

2일 호텔 조식 후 다일공동체 밥퍼 프로그램(밥을 지어서 중식 때 아이들에게 배식) 및 고아원 방문 → 중식 → 오후 학교 방문(기념품 증정 및 운동장 야외활동) → 석식 → 발마사지 후 호텔 투숙

3일 호텔 조식 후 앙코르톰(바이욘/바푸온/피미엔나카스/코끼리테라스/문둥왕테라스) → 중식 → 앙코르와트 → 타프롬 → 재래시장 싸르 → 석식 → 스마일 오브 앙코르쇼

4일 호텔 조식 후 톤레삽 호수 및 수상촌 관광 → 중식 → 왓트마이 사원 → 전통민속촌(Culture Village) 방문 → 석식 → 럭키몰 or 나이트마켓에서 기념품 구입 → 블루펌킨(Blue Pumpkin)에서 휴식 → 공항으로 이동 → 씨엠립 국제공항 출발

5일 한국 도착

☆ 골프 일정 5일

To whom?
유적지는 저리 가라! 하루하루 새로운 골프투어를 원한다면!

1일 호텔 투숙(오전 출발이면 오후에 앙코르와트 일정 및 자유시간)

2일 호텔 조식 후 레이크CC 18홀(중식: 클럽식 / 여유 있게 오후 3시 끝) →
전신마사지 2시간 → 석식 → 스마일 오브 앙코르쇼

3일 호텔 조식 후 앙코르CC 18홀(중식: 클럽식 / 여유 있게 오후 3시 끝) →
호텔 풀장 이용 및 자유시간 → 석식 → 펍 스트리트에서 시원한 맥주
한잔!

4일 호텔 조식 후 포킨트라CC 18홀(중식: 클럽식 / 여유 있게 오후 3시 끝)
→ 호텔 부대시설 이용 및 짐 정리 → 석식 → 로사나 브로드웨이쇼(트랜
스젠더 쇼) 또는 나이트마켓에서 기념품 구입 → 공항으로 이동 → 씨엠
립 국제공항 출발

5일 한국 도착

Chapter 1

'설렘'
여행을 준비하는 지금!

앙코르와트의 나라 캄보디아,
그리고 씨엠립

캄보디아(Cambodia)

　과거에 전쟁의 아픈 역사를 가졌었지만, 지금은 세계문화유산인 앙코르와트로 인해 떠오르는 관광의 명소로 재조명받고 있는 인도차이나 반도의 남서부에 위치한 나라이다.

　캄보디아 사람들은 비록 가난하지만, 따뜻한 마음을 가진 민족들이다. 또한 인도차이나 반도의 이웃국가인 태국과 베트남에 비해 자연재해가 거의 없는 특별한 장점을 가지고 있다. 게다가 때 묻지 않은 자연의 힘을 맘껏 느껴볼 수 있는 나라이기도 하다.

- 국기해설
  - 흰색문양(중앙): 앙코르와트를 나타내고 있으며, 찬란한 크메르 문화를 상징한다.
  - 적색(중앙): 강인한 캄보디아의 정신을 상징한다.
  - 청색(위/아래): 환경과 농업을 상징한다.
- 정식명칭: The Kingdom of Cambodia
- 지리적 위치: 동남아시아 인도차이나 반도
- 인근국가: 인도차이나 국가(태국/라오스/베트남)
- 수도: 프놈펜(Phnom Penh)
- 인구: 약 1,500만 명
- 언어: 크메르어/호텔 및 여행사, 관광종사자들은 영어사용 가능
- 종교: 90% 이상 소승불교
- 한국과의 비행시간: 5시간 30분
- 시차: 한국과 2시간 차이(예: 한국 시간 7시/현지 시간 5시)
- 국가번호: 855

씨엠립(Siem Reap)

앙코르와트를 포함한 앙코르 유적의 본고장. 수도는 프놈펜이지만, 캄보디아를 방문하는 대부분의 관광객들이 이곳에 모여 있을 정도로 캄보디아에서는 제1의 관광도시이다. 해가 넘어갈수록 앙코르와트의 미스터리를 풀기 위해 인종을 불문하고 수많은 관광객들이 이곳으로 발걸음을 향한다. 최근에는 대중매체 활성화로 인해 앙코르와트뿐만 아니라 타프롬, 앙코르톰까지 인기가 급상승 중이다.

씨엠립의 자세한 의미를 알아보면 씨암(Siam)이 타이(태국)를 뜻하고, 태국에 의해 점령당하였지만 17세기에 다시 탈환하면서 씨엠립이라는 지명을 사용하였다고 전해진다. 씨엠립과 인근 국가인 베트남, 태국과의 연계여행상품 또한 선호도가 높다.

앙코르와트로 향하는 관광객들

- 주요 관광지: 앙코르와트(Angkor Wat)/앙코르톰(Angkor Thom)/타프롬(Ta Phrom)/톤레삽호수(Tonle Sap Lake)
- 공항과 시내 및 숙소와의 거리: 차량과 툭툭이로 이동. 약 15~20분 소요

앙코르톰의 바이욘 사원

압사라 무희들의 민속쇼

톤레삽호수

툭툭이(TukTuk): 오토바이를 개조하여 손님이 탑승할 수 있게 만든 가장 무난한 교통수단

프놈펜(Phnom Penh)

캄보디아의 수도. 씨엠립과 달리 관광지의 매력이 떨어져 관광객이 많이 찾는 지역은 아니다. 하지만 국내선 이용으로 씨엠립까지 거리가 1시간밖에 걸리지 않아 씨엠립 직항편이 없을

경우 프놈펜으로 입국하는 것도 나쁘지 않다. 프놈펜의 관광지로는 왕궁과 크메르루즈의 양민대학살로 아픈 추억을 남긴 킬링필드, 고문현장을 고스란히 보여주는 투어슬랭박물관이 있다. 아직 친숙하지 않은 캄보디아 유일의 휴양도시인 시하누크빌(Sihanoukville)과의 거리가 다소 가까운 메리트를 가지고 있으며 씨엠립 호텔에는 없는 카지노 호텔들이 자리 잡고 있다.

- 주요 관광지: 왕궁(Royal Palace), 킬링필드(Killing Fields), 투어슬랭박물관(Tuol Sleng Genocide Museum)
- 공항과 시내 및 숙소와의 거리: 차량과 택시 이동으로 약 30~40분
- 시하누크빌(Sihanoukville)까지 소요시간: 차량으로 약 4시간
- 씨엠립(Siem Reap)까지 소요시간
    - 차량: 약 6시간
    - 국내선 항공: 약 1시간

아픈 추억을 고스란히 나타낸 킬링필드

여행 전 누구나 공감하는
궁금증 해소하기!

●●● "호텔에서 무선 인터넷 가능한가요?"

일하면서 매일매일 캄보디아 현지에 대한 가지각색의 수많은 질문들을 접하게 된다. 이 중에서도 항상 중복적으로 접하게 되는 질문들은 따로 있기 마련이다. 이런 질문들의 공통점은 대부분 여행을 준비함에 있어 꼭 알아야 할 기본적이며 필수적인 정보라는 점이다. 그럼 이런 궁금증들을 모아서 해소해 보도록 하자!

여행 준비

Q. 콘센트는 공용인가요?
A. 220V 공용으로 모두 사용 가능합니다.

Q. 날씨는 어때요?
A. 최저 20도 초반에서 최고 40도에 육박할 만큼 무덥습니다. 우리나라 여름 8월 초 정도의 옷차림이 알맞습니다.

Q. 화폐는 어떻게 사용하나요?
A. 달러로 사용이 가능합니다. 재래시장 같은 곳은 현지화폐인 '리엘'을 사용하시길 권합니다 (1USD=4,000리엘).

Q. 캄보디아까지 비행시간은 얼마나 걸리나요?
A. 인천국제공항을 기준으로 5시간 30분가량 소요됩니다.

Q. 여행자 보험은 신청해야 할까요?
A. 여행사를 통한 상품에는 여행자 보험이 가입되어 있습니다. 자유여행을 준비한다면 따로 신청하는 것이 좋습니다. 사람 일은 모르는 법! 일주일 기준으로 1만 원 정도이니 소중한 걸 놓치기 전에 꼭 신청하도록 합시다.

Q. 한국에서 캄보디아 현지로 전화하는 방법을 알고 싶어요.
A. 예) 010-123-1234로 전화 걸기
　　001 또는 002로 사용 시
　　001-855(캄보디아 국가번호 입력)-
　　10-123-1234(010에서 앞자리 0을
　　빼고 번호 그대로 입력)
　　001-855-10-123-1234

Q. 자신에게 알맞은 호텔선택법은 무엇인가요?

A. 여유 있는 일정으로 호텔에서 자유시간 및 부대시설을 이용하길 원한다면 주저 말고 5성급 호텔을 이용하는 것이 좋습니다. 캄보디아 호텔들은 실속 있고 저렴한 5성급 호텔들이 많이 있기 때문에 큰 부담이 없습니다. 반대로 빡빡한 일정 소화로 인해 잠을 청하는 목적이라면 3성급이나 저렴한 4성급 호텔을 이용하는 것이 상책입니다.

Q. 호텔에서 WiFi(무선인터넷망)는 가능한가요?

A. 대부분의 호텔에서는 가능하지만, 객실마다 강도의 세기가 다를 수 있습니다. 또한 몇몇의 호텔은 유료서비스를 제공합니다. 체크인시 반드시 확인해야 합니다.

Q. 호텔 조식은 한국인 입맛에 맞나요?

A. 앙코르와트가 자리 잡은 유명한 관광지인 만큼, 호텔의 식사는 입맛에 잘 맞습니다. 쌀국수, 각종 과일, 빵, 육류 등 다양한 뷔페조식이 제공되고 있습니다.

Q. 호텔의 평균적인 체크인과 체크아웃 시간을 알려주세요.

A. 체크인: 14시 / 체크아웃: 12시

Q. 체크아웃 시간이 너무 일러요. 늦출 순 없을까요?

A. 레이트 체크아웃 신청이 가능합니다. 보통 17~18시까지 적용되며, 요금은 호텔마다 다릅니다.

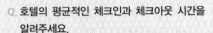

여행 중

Q. 숙소와 유적지와의 거리는 얼마나 되나요?
A. 대부분의 호텔들이 자리 잡은 6번 국도를 중심으로 15~30분 안에 앙코르와트를 비롯한 인근 유적지 방문이 가능하며, 반띠아이쓰레이, 벵밀리아 등은 1시간 정도의 시간이 소요됩니다.

Q. 야간에 유적지 관람이 가능한가요?
A. 프놈바켕이나 쁘레룹의 일몰 관람이 마지막 시간대라고 보시면 됩니다. 해가 지고 나면 유적지 관람은 불가능합니다. 예전에는 앙코르와트 야간개장을 진행했지만, 지금은 중단된 상태입니다.

Q. ATM 기기를 이용할 수 있는 장소는 어디인가요?
A. 씨엠립 국제공항, ANZ ROYAL 은행, 스타마트, 럭키몰

Q. 주요 교통수단은 무엇인가요?
A. 씨엠립을 벗어나지 않으면, 이동 동선이 넓지 않아 '툭툭이'만으로 가능합니다. '모또(MOTO)'라 불리는 현지 오토바이도 있지만 안전상에 위험이 있으므로 가급적 이용하지 않는 것을 권장합니다. 다른 지역 이동 시에는 버스 또는 국내선 항공을 이용합니다.

Q. 현지 공항 면세점은 어때요?

A. 씨엠립 국제공항은 규모가 작으므로, 필히 인천국제공항에서 미리 이용하시길 바랍니다.

Q. 패키지여행을 갔을 때 가이드 미팅은 어떻게 진행되나요?

A. 씨엠립 국제공항은 가이드가 공항 안으로 들어오지 못하게 되어 있습니다. 수속절차를 마친 후, 공항출구로 나가면 '피켓(미팅보드)'을 든 가이드를 만나실 수 있습니다.

Q. 불교국가인데 주의해야 할 점이 있나요?

A. 앙코르톰과 앙코르와트의 3층 출입 시 민소매, 무릎이 보이는 하의 등의 복장은 입지 않도록 주의해야 합니다.

Q. 씨엠립 지역의 치안은 어떠한가요?

A. 동남아 국가에서는 어느 지역이든지 저녁시간은 안전지대가 아닙니다. 씨엠립 같은 경우에도 호텔 인근 및 유로피언거리(펍 스트리트), 나이트마켓, 올드마켓 인근을 제외하고 늦은 시간 인적이 드문 곳에 혼자 다니는 건 금물입니다.

Q. 패키지상품 이용 시 가이드 팁(TIP) 비용은 얼마인가요?

A. 4일 일정: 성인 기준 30달러 / 아동 20달러
5일 일정: 성인 기준 40달러 / 아동 30달러
6일 일정: 성인 기준 50달러 / 아동 40달러

평균적인 가이드 팁 비용
* 성인 기준은 만 12세 이상으로 정한다.

'45도에 떠나는 여행?'
여행 최적기

● ● ● 매력적인 사계절이 뚜렷한 우리나라와 달리, 캄보디아는 1년 365일 햇볕이 따스한 여름이다. 크게 건기와 우기로 나뉘며, 건기는 11월부터 5월까지, 우기는 6월부터 10월까지이다. 표기상 이렇게 나뉘지만, 지금은 이상기후 현상으로 경계가 불분명하다. 그리고 조금 덜 무덥고, 더 무더운 차이지 사실상 무더운 건 매한가지다. 하지만 이왕이면 조금 덜 무더울 때 가는 게 최적기가 아닐까? 그렇다. 휴양지가 아닌 관광지인 캄보디아는 유적지를 보기 위해 엄청난 에너지 소모가 뒤따르므로 신중하게 여행시기를 선택해야 한다.

경험상 12~1월이 가장 이상적인 날씨이다. 최저기온이 약 20도이며 최고기온이 34도 정도이다. "뭐? 이게 최적기라고?" 이렇게 생각할지도 모르겠지만, 나는 최악의 시기라 불리는 4~5월, 최고온도가 45도 가까이에 육박할 때, 씨엠립을 방문한 경험이 있다. 이때의 느낌은 1월에 방문했을 때와 분명히 달랐다. 씨엠립 현지에서 공식적으로 나

화창한 캄보디아 날씨. 무덥지만 습도가 높지 않은 깔끔한 무더위!

무더위에 지쳐 잠시 쉬어 가는 관광객

타내는 온도는 40도까지이며, 그 이상의 온도가 측정되어도 40도까지만 표기한다. 이런 날씨에서의 여행은 단순히 무더운 것뿐만 아니라, 다른 변수들도 함께 가져온다. 이상기후로 우기가 늦게 찾아오면 톤레삽이나 깜뽕블럭의 물이 메말라 방문이 제한되는 등 여행에 역효과를 가져올 수 있으며, 마시는 물과 먹는 음식을 특히 조심해야 한다. 많은 양의 물을 마셔도 갈증이 해결되지 않고, 벌컥벌컥 급하게 물을 들이켜면 현기증이나 구토유발 증세까지 나타날 수도 있다.

　우기시즌에 유념해야 할 점은 동남아의 스콜성 기후(갑자기 비가 쏟아지는 동남아 기후현상)이다. 유적지를 돌아다니다 갑작스런 물벼락을 맞을 수 있으니 각오해야 한다. 하지만 이것도 하나의 추억이며, 어쩌면 운치 있는 유적지투어가 될 수도 있을 것이다. 생각하기 나름이다. 여행이란 항상 흥미진진한(?) 변수들이 기다리고 있으니 말이다. 하지만 4~5월은 더워도 너무 덥다. 이 시기를 제외하고, 개인의 취향에 따라 건기나 우기를 택해서 여행하도록 하자. 더위에 약한 분들이라면 필히 12월에서 1월 말까지의 시기를 권하고 싶다.

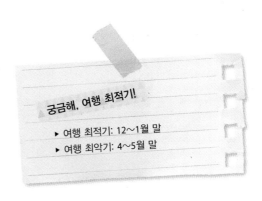

궁금해, 여행 최적기!

▶ 여행 최적기: 12~1월 말
▶ 여행 최악기: 4~5월 말

패키지(단체관광)와
자유여행 TIP

●●● 패키지와 자유여행은 성향이 달라도 너~무
다르다. 간단하지만 놓칠 수 없는 알찬 정보를 취향에 맞게 공개한다!

패키지 Tip

1. 옵션비용 절약법

여행사의 패키지상품에 기재된 옵션리스트 중 툭툭이는 필수옵션
이다. 툭툭이를 포함한 옵션을 세트로 묶어서 할인받을 수 있다면 미
리 신청하도록 하자. 여행 중에 지불하는 옵션비용보다 저렴하게 선택
할 수 있다.

2. 원하는 호텔을 선택하고 싶다면?

여행상품에 기재된 대표호텔이 확정되지만 성수기(12~2월) 혹은

현지 상황에 따라 같은 급수의 동급호텔로 변경되는 경우도 허다하다.
원하지 않는 호텔로 확정이 될 수도 있으므로 출발 10일 전에는 문의
를 통해 확인하여 가급적 원하는 호텔을 택하도록 하자.

타프롬 유적지에서 싱글벙글 사진 찍는 여성관광객들. 알짜 TIP을 참고하여 만족스러운 여행을 만들자.

3. 현명한 여행시기 선택법

캄보디아는 12월부터 2월까지 짧고 굵은 성수기시즌이다. 오히려 여름시즌은 현지도 무덥기 때문에 휴가시즌을 제외한다면 비수기이다. 여행상품은 성수기와 비수기의 가격이 하늘과 땅 차이이므로, 합리적인 가격을 원하고 더위에 강하다면(?) 3~6월 비수기시즌을 택하도록 하자. 성수기 및 휴가시즌은 모든 지역이 항공료부터 호텔까지 비싸므로 여행상품 또한 저렴할 수가 없다. 이럴 때에는 시간을 내서 남들보다 휴가시즌을 조금 서두르거나 반대로 2~3일 늦추게 되면 훨씬 합리적인 가격에 여행을 다녀올 수 있다.

4. 가이드 설명에 귀 기울이자!

패키지 단체여행에서 휴양지가 아닌 관광지는 가이드의 역할에 따라 여행의 만족도가 좌우된다. 특히 캄보디아는 앙코르와트를 비롯한 여러 유적지들이 자리 잡고 있기 때문에 가이드를 통해 역사와 신화 등의 설명을 듣지 못한다면 여행 후 하나같이 커다란 돌덩이로만 기억에 남게 될 것이다. 필히 가이드의 설명에 귀 기울여 기억에 남는 뜻깊은 여행이 되도록 하자.

자유여행 Tip

1. 툭툭이는 항상 조심!

전일 툭툭이를 대여한다면 필히 후불로 이용하자. 도중에 툭툭이가 사라질지도 모른다.

* 대여비용: 10~15달러. 흥정은 필수!

2. 여행 중 아프면 나만 손해!

상비약은 미리 챙겨서 출발하자. 캄보디아의 병원과 의료시설은 열악해서 여행 도중에 아프면 여행이 고난이 된다.

3. 에어텔(airtel) 상품도 고려하자!

 +

에어텔이란 Air(항공)+Hotel(호텔)의 합성어를 말한다. 단어 뜻 그대로 항공과 호텔이 포함된 상품으로서 자유여행을 준비하는 이들에게 편리한 상품이다. 이외에도 자유여행을 돕는 다양한 정보와 특전을 제공하기도 하니 관심 있다면 찾아보자.

4. 유적지 일일가이드를 이용하자!

패키지단체여행과 달리 자유여행은 가이드가 포함되어 있지 않다. 그러므로 앙코르와트에서만큼은 유적지 가이드를 고용해서 함께 투어를 진행하자. 유적지 가이드는 각종 언어별로 다양하며, 한국인 가이드보다 한국말을 하는 현지인 가이드가 저렴하니, 참고하도록 하자.

- 한국인 가이드: 최저 100달러~
- 한국말을 하는 현지인 가이드: 최저 50달러~

여행의 재미를 더해줄 유적지 가이드. 자유여행이라면 꼭, 이용하도록 하자.

TV 속의 앙코르와트를 찾아서!
영화, 드라마, CF 속의 캄보디아

●●● 영화나 드라마 또는 CF에서 비춰지는 캄보디아는 어떤 모습일까? 사실적인 여행기행 다큐멘터리와 달리, 스토리를 삽입하여 마치 카멜레온과 같은 새로운 색깔을 비추어낸다. 이런 시각적인 매력에 이끌려 캄보디아로 향하는 관광객들도 적지 않다. 대표적인 예를 몇 가지 들면, 먼저 영화 〈화양연화〉를 빼놓을 수 없다. 영화의 마지막 장면에서 앙코르와트와 함께 짠한 여운을 남기는데, 극 중 차우가 앙코르와트의 비밀을 묻는 장면을 보고 이를 찾기 위해 찾아오는 감성파(?) 관광객들이 꽤 된다. 이어서 수중사원이라 불리는 '벵밀리아' 또한 만만치 않다. 우리나라 관광객들 사이에서는 크게 비중 있는 유적지가 아니지만, 일본의 경우는 다르다. 이곳은 일본 가이드북에도 소개되어 있듯이, 애니메이션 〈천공의 성 라퓨타〉의 모티브가 되었다고 알려져 있으며, 이를 통해 일본 관광객들이 끊이지 않는 대표적인 유적지이다. 실제로 벵밀리아에서는 유난히 독특한(?) 패션감각의 아시아인

들이 북적대고, 일본어가 자주 들리는 현상을 경험할 수 있다.

안젤리나 졸리 주연의 영화 〈툼레이더〉는 대부분의 관광객들이 거대한 스펑나무가 뒤덮고 있는 타프롬의 영화촬영지로만 알고 있다. 하지만 일몰 명소로 유명한 '프놈바켕'도 영화 속 촬영지였다는 점을 염두에 두자. 극 중 졸리가 처음 씨엠립에 도착하여 망원경으로 전망을 바라보고 서 있는 장소가 바로 그곳이다. 이렇게 간접적으로 하나하나 찾아보는 재미가 은근히 쏠쏠하다.

예전에는 세계문화유산이라는 이유로 앙코르와트를 비롯한 유적지들의 촬영이 쉽지 않았지만, 지금은 각종 CF와 드라마에서 등장할 만큼 많이 노출이 되고 있다. 천 년의 역사 속에서 잠든 채, 찾아오는 이들에게만 장엄한 자취를 드러낸 앙코르와트를 비롯한 유적지들이, 이제는 전 세계인들에게 보란 듯이 존재를 내비치고 있다. 이처럼 관광객 유치에 대중매체가 든든히 한몫을 하고 있다.

일을 하면서 놀라운 속도로 발전하고 있는 씨엠립과 기하급수적으로 늘어가는 관광객들의 현지 소식을 들으면, 지금보다 미래가 더 기대되는 지역임을 실감한다. 이제는 채널만 돌리면 흔히 등장하는 단골손님인 '파리'나 '런던'의 모습처럼, 씨엠립 또한 우리 곁에 한걸음 더 성큼 다가오길 기대해본다.

* Point. 떠나기 전 미리 만나는 캄보디아! ♪ ♫~

영화	드라마	CF
툼레이더(타프롬/프놈바켕)	아이리스2 1화/2화(바이욘	미샤(MISSIA)(앙코르와트)
화양연화(앙코르와트)	사원/앙코르와트/올드마켓/	니콘(NIKON)(바이욘 사원)
알포인트(벵밀리아)	르메르디앙)	
트랜스포머3(타프롬/바이		
욘 사원/앙코르톰 남문 입구)		

섭섭하이~ 뭐가 섭섭하다는 거지?
캄보디아 인사말

      ● ● ● "안녕하세요."

"Hi."

"곤니찌와."

"니하오."

"봉쥬르."

  각 나라를 대표하는 첫인사는 여행하는 나라의 언어를 몰라도 누구나 부담 없이 내뱉을 수 있는 단어들이다. 나는 캄보디아를 방문하였을 때, 가이드 역할을 해주신 이 실장님을 통해 재밌는 인사법을 배울 수 있었다. 우리말 '안녕하세요'는 흔히 얘기하는 캄보디아 본토발음(?)으로 "쑤어쓰데이" 또는 "쏙쩌바이"라고 한다. 여러 서적에서도 이와 비슷한 발음으로 표기를 해둔 것을 기억하고 있었다. 하지만 실장님은 관광객들에게 다음과 같이 알려준다고 한다.

"섭섭하이~"

섭섭하이? 뭐가 섭섭하다는 걸까? 우리에겐 낯선 "쏙써바이"라고 하는 발음을 자연스럽게 풀어서 "섭섭하이"로 친숙하게 변형시킨 것이다. 그럼 "안녕하세요"와 양대산맥을 이루는 필수 단어 "고맙습니다"는 어떻게 표현할까? 갑작스러운 궁금증에 질문을 내던졌다.

"업군 찌라~~"

돌아온 대답은 더 간단했다. 이것을 영어로 직역하면 "Thank you very much"이다. 가볍게 감사의 뜻을 나타낼 때에는 "업군"이라 말하고, 강조의 의미로 "찌라"를 붙인다고 한다. "찌라?" 잘못 들으면 언뜻 욕처럼 들리기도 하지만, 현지인들은 아마 모르겠지?

그럼 한 단계 넘어 이걸 응용하면 "너무너무너무 감사합니다"는 "업군 찌라찌라찌라~"가 되는 것이다.

이런 인사법에 자연스레 재미가 붙어서 어디에서나 현지인을 만나면 "섭섭하이" 하고 인사를 건네었고, 호텔직원이나 유적지에서 도움을 받았을 때에는 "업군찌라찌라~~"로 무조건 답했다. 그럼 상대방도 웃으면서 "섭섭하이~" 그리고 "업군"으로 답례를 해주었다.

여행의 재미를 더하기 위해 기본적인 인사법은 알고 가는 것은 유익한 여행법 중 하나이다. 이 외에도, "잘 먹겠습니다", "얼마예요?", "죄송합니다" 같은 표현들도 중요하지만, 사실 나는 다른 나라를 여행할 때에도 항상 앞서 언급한 두 인사법만 숙지하고 떠난다.

머리에 강제로 담아둔 여러 가지 어색한 말투보다 우스꽝스러운 각
종 몸짓과 표정으로 대화하는 게 훨씬 편하고 즐겁기 때문이다.

따뜻한 미소로 반기는 호텔직원

학교에서 한국어를 배우는 캄보디아 아이들

궁금해, 간단한 캄보디아어

숫자

1: 무이   6: 쁘람무이
2: 삐   7: 쁘람삐
3: 빠이   8: 쁘람바이
4: 부은   9: 쁘람부은
5: 쁘람   10: 답

대화

감사합니다: 업군
매우 감사합니다: 업군 찌라~
안녕하세요: 섭섭하이~ 쏙서바이~ 쑤어쓰데이
얼마예요?: 뜰라이 뽐만
깎아주세요: 씀 쪽 뜰라이

'복잡하지 않은 입국절차'
그리고 '4종 세트 서류 작성법'

• • • 입국절차? 그냥 다른 관광객들을 따라 하다 보면 어느새 공항을 벗어나 있을 것이다. 그만큼 간단하므로 신속하게 정리해 보자! 먼저, 입국절차에는 다음 네 가지 서류가 필요하다.

씨엠립 국제공항

세관신고서

អគ្គនាយកដ្ឋានគយ និងរដ្ឋាករកម្ពុជា
GENERAL DEPARTMENT OF CUSTOMS AND EXCISE

លិខិតរាយការណ៍របស់អ្នកដំណើរ Passenger's Declaration

នាមត្រកូល Family Name — 성

នាមខ្លួន Given Names — 이름

ភេទ Sex — ☐ ប្រុស Male   ☐ ស្រី Female

ថ្ងៃ ខែ ឆ្នាំកំណើត Date of Birth — 생년월일

លិខិតឆ្លងដែនលេខ Passport No. — 여권번호

សញ្ជាតិ Nationality — 국적

មុខរបរ Occupation — 직업

យន្តហោះលេខ Flight No. — 항공편수

មកពី / ទៅ From / To — 출발지 / 도착지

សូមគូសបញ្ជាក់ Please Check

☐ មានគភ័ណ្ឌរាយការណ៍ Goods to declare   ☑ គ្មានគភ័ណ្ឌរាយការណ៍ Nothing to declare

បើមានគភ័ណ្ឌសូមរាយការណ៍នៅផ្នែកខាងខ្នង

If you have goods to declare please list them on the reverse side.

អ្នកមានយូបិយប័ណ្ណបរទេស រូបិយវត្ថុ យកតាមខ្លួនលើសពី $10,000U.S. ឬទេ?

You are carrying foreign currency or monetary instruments over $10,000U.S. or its equivalent.   ☐ មាន Yes   ☑ គ្មាន No

---

ខ្ញុំសូមបញ្ជាក់ថា ការរាយការណ៍លើលិខិតនេះពិតជាត្រឹមត្រូវមែន ។

I certify that all statements on this declaration are true and correct.

ហត្ថលេខា Signature........... 서명 ....

ការបំពេញ Date ថ្ងៃ Day .... ខែ Month 도착날짜 ឆ្នាំ Year.............

បើសិនអ្នកមានចម្ងល់ សូមសាកសួរមន្ត្រីគយ

If you have any question, please ask a customs officer.

សលាកបត្រចូល / ARRIVAL CARD — Ⓐ 3574982

PLEASE COMPLETE WITH CAPITAL LETTER

Family name	성
Given name	이름
Date of birth	생년월일 Nationality 국적
Passport N°	여권번호 Sex 남성/M ☐ 여성/F ☐
Flight / Vessel / Vehicle N°	항공편수
From	출발도시
Visa N°	X Place of issue X
Purpose of Travel	목적 Length of stay 체류기간
Address in Cambodia	캄보디아 거주지

I declare that the information I have given is true and correct.

For official use only

Signature 서명

/ Date / 도착일 /

សលាកបត្រចេញ / DEPARTURE CARD — Ⓐ 3574982

PLEASE COMPLETE WITH CAPITAL LETTER

Family name	성
Given name	이름
Date of birth	생년월일 Nationality 국적
Passport N°	여권번호 Sex 남성/M ☐ 여성/F ☐
Flight / Vessel / Vehicle N°	항공편수
Final Destination	목적지
(Cambodian only)	X

I declare that the information I have given is true and correct.

| Signature 서명 | / Date 출발일 |

For official use only

ព្រះរាជាណាចក្រកម្ពុជា
KINGDOM OF CAMBODIA
 នាយកដ្ឋានអន្តោប្រវេសន៍
APPLICATION FORM
VISA ON ARRIVAL

* PLEASE COMPLETE WITH CAPITAL LETTER

នាមត្រកូល
Surname: **성**

□ ប្រុស Male

នាមខ្លួន
Given name: **이름**

□ ស្រី Female

ទីកន្លែងកំណើត
Place of birth: **출생지**

Photograph
Please attach a recent Passport photograph
4 X 6

ថ្ងៃខែឆ្នាំកំណើត
Date of birth: **생년월일**   សញ្ជាតិ Nationality: **국적**

លិខិតឆ្លងដែនលេខ
Passport N°: **여권번호**   មុខរបរ Profession: **직업**

លិខិតឆ្លងដែនផ្តល់នៅថ្ងៃ
Date passport issued: **여권발급일**   លិខិតឆ្លងដែនផុតកំណត់នៅថ្ងៃ Date passport expires: **여권만료일**

ច្រកចូលមកក្រោម
Port of entry: **입국도시**   មកពី From: **출발도시**   លេខមធ្យោបាយធ្វើដំណើរ Flight/Ship/Car N°: **항공편수**

អាសយដ្ឋានអចិន្ត្រៃយ៍
Permanent address: **거주지**

E-mail:

អាសយដ្ឋាននៅកម្ពុជា
Address in Cambodia: **캄보디아 거주지**

Details of children under 12 years old included in your passport who are travelling with you

Name: .... Date of birth: ..../........./.........

Name: .... Date of birth: ..../........./.........

Name: .... Date of birth: ..../........./.........

Purpose of visit: **방문목적** .... Length of stay: **체류기간**

Visa type (Choose one only)

ទិដ្ឋាការទេសចរណ៍/Tourist visa (T) □   ទិដ្ឋាការធម្មតា/Ordinary visa (E) □   ទិដ្ឋាការផ្លូវការ/Official visa (B) □

ទិដ្ឋាការពិសេស/Special visa (K) □   ទិដ្ឋាការទូត/Diplomatic visa (A) □   ទិដ្ឋាការគួរសម/Courtesy visa(C) □

ផ្សេងៗ/Other ....

I declare that the information given on this form is correct to the best of my knowledge and belief.

Date .... / **날짜** / ....

Signature

서명

For official use only

Department of Immigration
N° 322, Russian Blvd., Phnom Penh

Website: www.immigration.gov.kh
Email: visa.info@immigration.gov.kh

សេចក្តីប្រកាសសុខភាពរបស់អ្នកដំណើរ (សូមបំពេញសំណួរទាំងអស់)

Health Declaration of Travelers (Please complete all questions)

ច្រកចូល / Port of Entry: 입국도시 　　 Date: 날짜

មធ្យោបាយធ្វើដំណើរ / Type of Transportation :

នាវា / Ship ☐ 　　 រថយន្ត / Vehicle ☑

យន្តហោះ / Flight No 비행편수 　 លេខកៅអី / Seat No 좌석번호

ឈ្មោះ / Full Name 　 성명

ភេទ / Sex : ☐ ប្រុស Male 　 ☐ ស្រី Female 　 សញ្ជាតិ Nationality 국적

ថ្ងៃខែឆ្នាំកំណើត / Date of Birth : 생년월일

លិខិតឆ្លងដែនលេខ / Passport No: 여권번호

ទីលំនៅអចិន្ត្រៃយ៍ / Country of Residence: 거주국가

អ៊ីម៉ែល / E-mail: 메일주소

អាស័យដ្ឋាននៅកម្ពុជា / Address in Cambodia

캄보디아 거주지

ទូរស័ព្ទ / Telephone: 연락처

រៀបរាប់ប្រទេសដែលអ្នកបានស្នាក់នៅរយៈពេល ២១ ថ្ងៃចុងក្រោយ

Please list the name of countries where you stayed in the 21 days

21일 내에 거주했던 나라 작성(없을 시 공란)

អាហ្រ្វិចខាងលិច/West Africa ☐ 　 មជ្ឈឹមបូព៌ា/Middle Est ☐

ប្រទេសចិន / China ☐

តើលោកអ្នកមានអាការៈ:ដូចតទៅនេះឬទេ ? Do you have any of

the following symptoms? 증상 없으면 NO 체크

គ្រុនក្តៅ Fever ☐ 　 ក្អក Cough ☐ 　 កន្ទួលក្រហម Rash ☐ 　 រាក Diarrhea ☐

ពិបាកដកដង្ហើម Shortness of breath ☐ 　 ឈឺក Sore Throat ☐ 　 អស់កំលាំង Weakness ☐

ចេញឈាម Bleeding ☐ 　 ឈឺសាច់ដុំ Muscle pain ☐ 　 ក្អួត Vomiting ☐ 　 គ្មាន NO ☑

ខ្ញុំសូមបញ្ជាក់ថា ការវាយការណ៍លើលិខិតនេះពិតជាត្រឹមត្រូវមែន។

I certify that all statements on this declaration are true and correct.

ហត្ថលេខា 　 Signature 서명

សូមប្រគល់លិខិតនេះមកកម្មវិធីចត្តាឡីស័ក

Please handout this form to quarantine officer

이렇게 네 장의 서류를 흔히 캄보디아 4종 세트(?)라 부른다. 이 서류들은 기내에서 얻을 수 있으며, 공항에 도착하기 전에 여유 있게 작성하도록 하자. 전부 영어로 표기되어 있어서 연세가 많으신 관광객들은 작성에 어려운 점이 있으니, 주위에 있는 믿음직한 젊은이들에게 도움을 청하는 것도 좋은 방법이다. 이 방법은 직접 경험에서 얻은 삶의 지혜로 기내에서 흔히 찾아볼 수 있는 광경이다. 한번은 옆에 앉은 어른신이 안경을 고쳐 쓰시곤 서류를 한참 뚫어져라 보고 계셨다. 몇 글자 쓰시다가 도저히 해결이 안 되는지 나에게 한마디 건네셨다.

"총각, 나 눈이 어두워 글씨가 잘 안 보이는데 이거 쓰는 것 좀 도와줄려?"

"아, 네네, 어르신. 서류랑 여권 보여주시겠어요?"

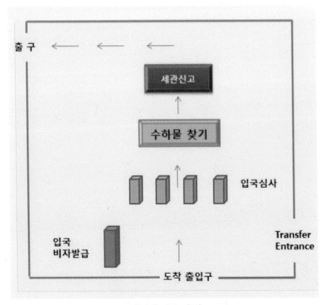

씨엠립 입국 안내도

비자신청 카운터

입국심사

수하물 찾는 곳

이러면 주위에서 엿듣고 있던 다른 관광객들 또한 입국서류를 내밀며 도움을 청하기도 한다. 혹시 작성을 끝마치지 못했다면 공항에 도착해서 마무리하면 되니 걱정하지 말자. 패키지를 통해서 간다면 여행사에서 대행으로 작성을 해주기도 하니 요청해 보는 것도 하나의 요령이다. 그리고 비자는 한국에 있는 캄보디아대사관에서 미리 받을 수 있으나, 번거로우므로 현지에서 받는 도착비자를 이용하자.

서류가 준비되었다면, 입국절차는 더 간단하다. 공항 입국 출입구에서 검역검사를 하는 곳에서 검역신고서를 먼저 제출한다(가끔 확인을 안 할 때도 있다). 그런 다음 좌측에 있는 비자신청 카운터에서 여권과 비자신청에 필요한 컬러사진 1매(4×6cm 이하), 비자신청서, 비자비용(US 30$, 2014년 10월 1일부터 적용)을 지불하고 도착비자를 먼저 받는다. 그리고 줄을 서서 입국심사를 마친 뒤, 곧바로 수하물을 찾으면 된다. 짐도 찾았으니 이제 공항을 벗어나면 끝이겠지?

아참! 아직 세관신고서가 손에 쥐어져 있을 것이다. 공항 출구 근처에 따로 신고하는 곳이 있으니 현지경찰에게 건네주거나 경찰이 없으면 수거함에 넣고 공항을 벗어나면 입국절차가 완료된다.

만약 패키지 여행객이라면 공항 안에 가이드가 없다고 허둥대지 말자. 다른 공항과 달리, 씨엠립 국제공항은 가이드가 공항에 들어오지 못하므로 출구를 벗어나 가이드 미팅을 하면 된다.

공항 출구로 나오면 가이드 미팅이 진행된다.

여행객들로 분주한 씨엠립 국제공항

궁금해, 입국절차 Tip!

▸ 사진이 없을 시 현지공항에서 웃돈을 요구하기도 한다 (1~2달러)
▸ 여권의 유효기간이 6개월 이상 남았는지 미리 체크하기
▸ 가이드가 공항에 들어오지 못한다. 공항 밖에서 미팅(패키지여행)

유적지투어를 위한
간단한 힌두 신화 예습하기

••• 앙코르와트를 비롯한 유적지투어를 위해서는 힌두 신화는 필히 숙지하고 떠나는 것이 좋다. 아니, 모르고 떠난다면 오히려 여행의 재미를 반감시킨다고 말하는 게 올바른 표현이다. 물론 현지에서 가이드를 통해서 들을 수도 있겠지만, 그러기엔 너무 마음의 여유가 없고 촉박하다. 복잡한 내용은 현지에서 생생하게 느끼도록 하고, 간략한 핵심정보만 캐치하고 떠나자. 자! 그럼 오래된 신화 내용이라 지루해하지 말고 부담 없이 읽어 내려가 볼까?

힌두교의 3대 신

1. 브라흐만(창조의 신)

붉은색의 4개의 머리를 가지고 있다(5개였으나 시바의 제3의 눈에 의해 불탐). '함사'라는 기러기를 타고 다니며 생각하는 것만으로 모든 만물을 창조한다고 전해진다.

2. 비슈누(유지의 신)

3대 신 중 가장 중요한 신이며, 선한 신으로 불린다. 세상을 유지하고 보존하는 유지의 신이다. 태양의 새 '가루다'를 타고 다니며 4개의 팔을 가지고 있다. 라마야나에서는 라마 왕자로, 마하바라타에서는 크리슈나로 등장한다. 앙코르와트를 건립한 당시 왕이었던 수리야바르만 2세가 앙코르와트는 비슈누에게 봉헌한 사원이라는 이야기가 전해질 정도로 영향력이 큰 신이다.

〰〰 앙코르와트에 세워져 있는 비슈누

3. 시바(파괴의 신)

3개의 눈을 가진 파괴의 신. 비슈누와 함께 가장 강력한 세력을 가지고 있다. '난딘'이라는 황소를 타고 다니며, 유해교반(우유 바다 휘젓기) 당시 독을 마셔 푸른 목을 가지고 있다. 히말라야의 카일라사 산에 살고 있다.

〰〰 앙코르와트 부조에 새겨진 시바

라마야나

인도의 마하바라타와 더불어 세계 최장편 서사시로 비뉴수의 화신 중 하나인 라마 왕의 일대기를 다루었다. 라마야나의 최대 주제는 코살라국의 왕자인 라마가 악마의 왕 라바나에게 잡혀간 아내 시타를

구하기 위해 원숭이 신 하누만과 그 부하들의 도움을 받아 랑카국의
라바나를 처치하는 "권선징악"이다.

주요 등장인물

라마: 힌두교의 3대 신 비뉴수의 일곱 번째 화신 중 한 명으로 살라
국의 왕자

라바나: 열 개의 머리, 스무 개의 팔을 가진 랑카국의 악마 왕

시타: 라마의 아내

하누만: 원숭이 왕 수그리바의 충신. 재주가 많고 용맹한 원숭이 신

앙코르와트에서 찾아보는 대표적인 라마야나 부조

- 앙코르와트 1층 서편 회랑의 북쪽 '랑카의 전투'
- 반띠아이쓰레이에 새겨진 부조

반띠아이쓰레이에 새겨진 라마야나 이야기

마하바라타

라마야나와 함께 인도를 대표하는 최장편 대서사시로 인도판 그리스·로마신화라고 해도 과언이 아니다. 내용 중 하나는 판다바족 5형제와 카우라바족 100명의 아들과의 왕위를 둘러싼 이야기이다. 이 외에도 수많은 전설과 신들의 이야기가 담겨 있다.

주요 등장인물

판다바족: 판두 왕의 아들 5형제를 합쳐서 부르는 명칭(유디슈티라, 비마, 아르쥬나, 니쿨라, 사하데바)

카우라바족: 드리타라슈트라의 100명의 아들

크리슈나: 비슈누의 여덟 번째 화신으로 힌두교에서 비중이 큰 신

아르쥬나: 판다바족, 활을 쓰는 명수로서 아르쥬나의 활을 '간디바'라 부름.

앙코르와트에서 찾아보는 대표적인 마하바라타 부조

- 앙코르와트 1층 서편 회랑의 남쪽 '쿠루 평원의 전투'

앙코르와트에 새겨진 마하바라타 부조 '쿠루 평원의 전투'

Chapter 2

'캄보디아의 심장'
앙코르 유적지 이야기

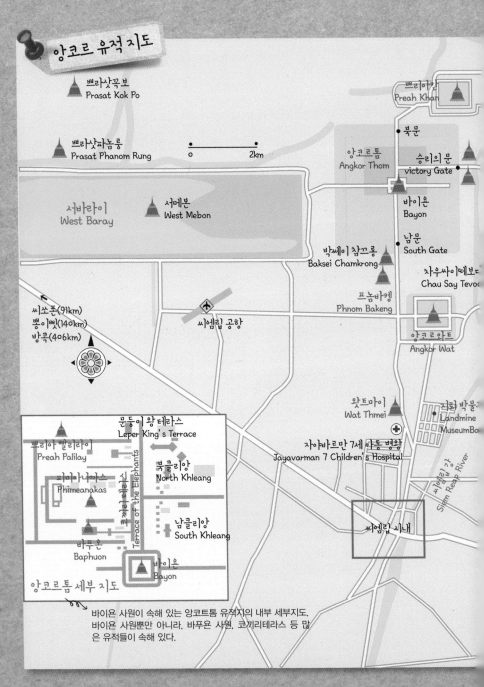

앙코르 유적 지도

쁘라삿꼭보
Prasat Kok Po

쁘라삿파놈룽
Prasat Phanom Rung

쁘리아칸
Preah Khan

북문

앙코르톰
Angkor Thom

승리의 문
victory Gate

0 ──────── 2km

서바라이
West Baray

서메본
West Mebon

바이욘
Bayon

박쎄이참끄롱
Baksei Chamkrong

남문
South Gate

차우싸이떼보드
Chau Say Tevod

프놈바켕
Phnom Bakeng

씨쏘폰(91km)
뿅이뻿(140km)
방콕(406km)

씨엠립 공항

앙코르와트
Angkor Wat

왓트마이
Wat Thmei

지뢰 박물관
Landmine
MuseumBo

자야바르만 7세 아동 병원
Jayavarman 7 Children's Hospital

씨엠립 시내

문둥이 왕테라스
Leper King's Terrace

쁘리아빨릴라이
Preah Palilay

코끼리테라스
Terrace of the Elephants

북클리앙
North Khleang

피미아나까스
Phimeanakas

남클리앙
South Khleang

바푸온
Baphuon

바이욘
Bayon

앙코르톰 세부 지도

바이욘 사원이 속해 있는 앙코트톰 유적지의 내부 세부지도.
바이욘 사원뿐만 아니라, 바푸온 사원, 코끼리테라스 등 많
은 유적들이 속해 있다.

068 ·

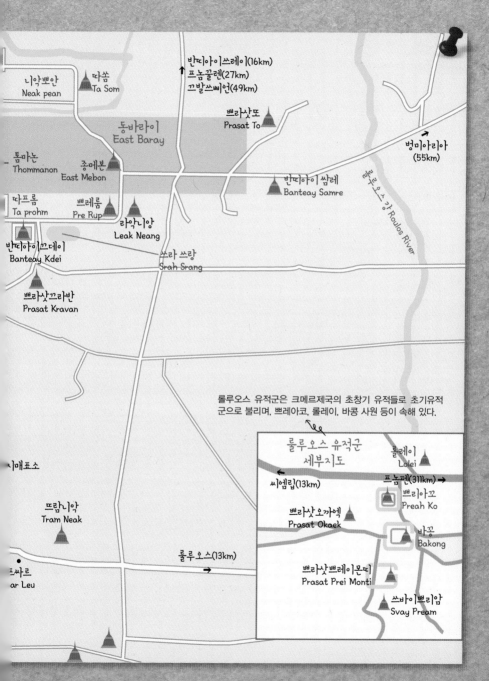

니악뽀안
Neak pean

따쏨
Ta Som

반띠아이쓰레이(16km)
프놈꿀렌(27km)
끄발쓰삐언(49km)

쁘라삿또
Prasat To

벵미아리아
(55km)

동바라이
East Baray

톰마논
Thommanon

종메본
East Mebon

반띠아이 쌈레
Banteay Samre

따프롬
Ta prohm

쁘레룹
Pre Rup

라약니앙
Leak Neang

롤루오스강 Roulos River

반띠아이끄데이
Banteay Kdei

쓰라 쓰랑
Srah Srang

쁘라삿끄라반
Prasat Kravan

시매표소

뜨람니악
Tram Neak

롤루오스 유적군은 크메르제국의 초창기 유적들로 초기유적
군으로 불리며, 쁘레아코, 롤레이, 바콩 사원 등이 속해 있다.

롤루오스 유적군
세부지도

롤레이
Lolei

씨엠립(13km)

프놈펜(311km) →

쁘리아꼬
Preah Ko

쁘라삿 오까엑
Prasat Okaek

바꽁
Bakong

쁘라삿 쁘레이몬띠
Prasat Prei Monti

쓰바이쁘리암
Svay Pream

롤루오스(13km) →

ar Leu

069

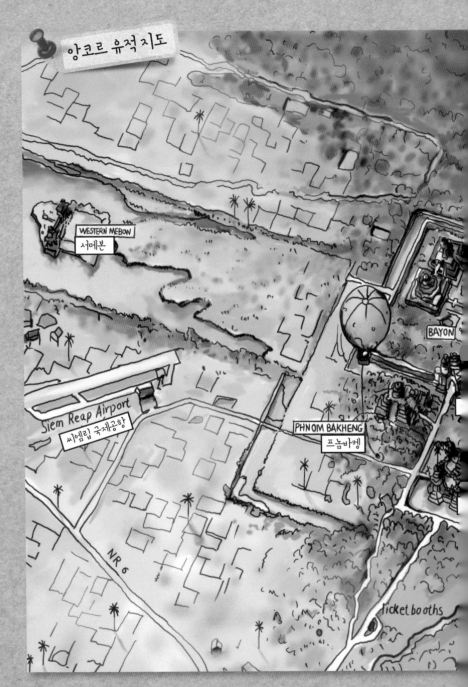

앙코르 유적 지도

WESTERN MEBON
서메본

BAYON

Siem Reap Airport
씨엠립 국제공항

PHNOM BAKHENG
프놈바켕

NR 6

ticket booths

BANTEAY PREI

PRASAT PREI

KROL KO

PREAH KHAN

NEAP POAN
니악쁘안

TA SOM

TA KEO
따께오

EASTERN MEBON

HOM

TA PROHM
타프롬

쁘레룹
PRE RUP

R WAT

BANTEAY KDEI

SRAS SRANG
쓰라쓰랑

'스마일 오브 앙코르쇼 공연장 인근으로 이전한 유적지 티켓부스'

'1초 티켓사진관'
유적지 티켓부스 이용하기

● ● ● '세상에 공짜란 없다'

옛말은 틀린 게 하나도 없었다. 유적지도 공짜로 보는 게 아니다. 앙코르와트를 포함한 대부분의 유적지를 관람하기 위해서는 티켓이 필요하다. 2016년도 3월까진 유적지 입구 매표소에서 구입했었지만, 지금은 스마일 오브 앙코르쇼 공연장 인근으로 매표소를 이전했다. 이전의 입구 매표소는 판매는 하지 않고 티켓을 확인하는 역할을 하고 있다. 여행사를 통해 방문한 패키지 관광객들은 차량을 통해 단체로 방문하므로 이용절차에 대해 따로 숙지하지 않아도 좋다. 물론 티켓요금 또한 포함되어 있다. 자유여행을 하는 관광객들은 개개인의 여행 스케줄에 따라 티켓을 구매하도록 하자.

티켓은 크게 세 종류로 구분된다. 먼저 단 하루만 유적지 관람이 가능한 1DAY PASS, 7일 안에 3일 관람이 가능한 3DAY PASS, 마지막으로 한 달 안에 7일 관람이 가능한 7DAY PASS이다.

여기서 특이한 점은 우리나라의 영화나 고궁, 각종 관광지 이용권 등
과는 달리, 티켓에 자신의 사진이 포함되어 있다는 점이다. 사실 처음
방문했을 땐 이 시스템이 상당히 흥미로웠다. 자그마한 카메라를 쳐다
보자마자 1초 만에 사진이 찍히므로, 예쁘게 찍을 생각조차 할 필요가
없었다. 그래서 처음 티켓을 구매하는 관광객들은 하나같이 멍하게 우
스꽝스러운 사진이 나온다. 마치 자신이 아닌 것처럼 말이다. 이런 사
진이 포함된 티켓을 적어도 하루, 때로는 7일까지 사용해야 하니, 만족
할 만한 사진이 담긴 티켓을 간직하고 싶다면 미리 요령을 숙지하는 것
도 좋은 방법!

1DAY PASS

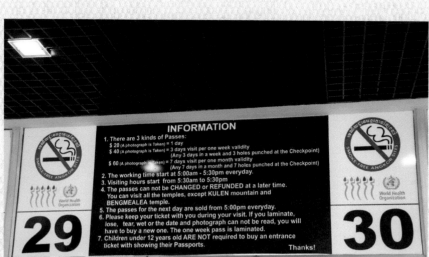

INFORMATION

1. There are 3 kinds of Passes:
   $ 20 (A photograph is Taken) = 1 day
   $ 40 (A photograph is Taken) = 3 days visit per one week validity
   (Any 3 days in a week and 3 holes punched at the Checkpoint)
   $ 60 (A photograph is Taken) = 7 days visit per one month validity
   (Any 7 days in a month and 7 holes punched at the Checkpoint)
2. The working time start at 5:00am - 5:30pm everyday.
3. Visiting hours start from 5:30am to 5:30pm
4. The passes can not be CHANGED or REFUNDED at a later time.
   You can visit all the temples, except KULEN mountain and
   BENGMEALEA temple.
5. The passes for the next day are sold from 5:00pm everyday.
6. Please keep your ticket with you during your visit. If you laminate,
   lose, tear, wet or the date and photograph can not be read, you will
   have to buy a new one. The one week pass is laminated.
7. Children under 12 years old ARE NOT required to buy an entrance
   ticket with showing their Passports.
   Thanks!

Check and verify your currency before leaving

Check and verify your currency before leaving

가이드의 설명을 듣는 관광객

앙코르 맵

티켓부스를 통과하면 제일 먼저 눈에 띄는 건 '앙코르 맵(ANGKOR MAP)'이다. 이 지도 앞에서는, 본격적인 투어에 앞서 유적지의 위치를 간략하게 설명하는 가이드와 그를 둘러싼 패키지 단체관광객들을 자주 볼 수 있다. 자유여행을 하는 관광객들이라면 그들 사이에 살짝 끼어 유적지 정보를 엿듣고 가는 것도 또 하나의 재미가 될 것이다. 이렇게 유적지 탐험을 할 준비는 끝났다. 그럼 이제 본격적으로 앙코르와트를 향해 떠나볼까?

궁금해, 유적지부스 알짜 정보!

1. 티켓부스 이용시간: 05:30~17:30
2. 이용요금
   - 1일: 20달러
   - 3일(7일 안에 3일): 40달러
   - 7일(한 달 안에 7일): 60달러
3. 별도 입장료가 필요한 유적지(티켓사용 불가능): 벵밀리아
4. 티켓구매는 현금만 가능(카드×)
5. 티켓부스에서 흡연금지
6. 티켓에 사진이 있으므로 타인양도 불가

'천상의 미소'
바이욘(Bayon) 사원

● ● ● 드라마나 CF에서 자애로운 얼굴이 새겨진 사면상이 등장한 유적지를 본 적이 있을 것이다. 이곳은 흔히 '천상의 미소'라고 불리며 앙코르톰(Angkor Thom)의 중심에 우뚝 자리 잡은 바이욘 사원을 말한다. 앙코르톰은 앙코르와트와 더불어 가장 인기 있는 유적지 중 하나이며, 바이욘 사원 이외에 바푸욘 사원, 코끼리테라스, 피미엔나카스 등이 함께 자리 잡고 있다. 사실 바이욘 사원이 앙코르톰이라고 표현할 만큼 그 비중이 크므로 나머지 유적지들은 빠르게 스캔하고 지나가도 충분하다. 씨엠립을 몇 차례 다녀온 뒤 그 수많은 유적지 중에 기억에 남는 건 사실 손에 꼽을 정도이고, 그중 앙코르톰에서의 기억이 생생한 곳은 바이욘 사원 하나이기 때문이다. 패키지투어에서도 앙코르톰 관광 시 바이욘 사원을 중점으로 보기 때문에 시간상 코끼리테라스와 같은 유적지들은 자세히 못 보고 지나갈 때가 많다. 그러므로 좀 더 여러 유적지를 두루 보고 싶다면 미리 가이드에게 요청해서 시간분배를 잘하도록 해야 한다.

자애로운 얼굴이 새겨진 바이욘 사원의 사면상

문둥왕테라스

바푸온 사원

코끼리테라스

피미엔나카스

바이욘 사원 이외에 앙코르톰의 다른 유적지는 따로 소개하지 않겠지만, 앙코르톰 남문 입구의 다리에 위치한 54개의 선신과 54개의 악신 석상은 간단히 소개할까 한다. 먼저 둘을 구분하는 방법은 어렵지 않다. 보통 위치나 모자의 형태를 보고 구분하지만, 더 쉬운 방법이 있다. 묻지도 따지지도 말고 주관적인 판단으로 못생겼으면 악신, 미소를 띠고 있으면 선신이다. 무수한 세월이 흐른 흔적을 보여주듯, 부서진 석상들이 복원을 거쳐 말끔하게 다시 태어나는 모습이 조금은 아쉽다.

선신

악신. 선신과 악신의 모습은 생김새만으로도 구분이 가능하다.

바이욘 사원 입구

바이욘 사원은 앙코르와트와 같은 구조로 1층 미물계, 2층 인간계, 3
층 천상계로 나뉜다. 건립 당시에는 사원 전체가 황금으로 이루어져 있
었다고 하니 실로 감탄이 절로 나오는 곳이다. 다른 사원과 달리 1층
외곽 부조에서는 전쟁을 준비하는 병사들을 비롯해 가족들과의 생활
풍습까지, 당시의 모습을 다양하게 볼 수 있어 이색적인 사원이기도 하
다. 아마 당시에도 문맹률이 상당히 높아 부조에 그림을 새겨 생활상을
전하지 않았을까 싶다.

전쟁과 일상의 모습들을 섬세하게 새겨놓은 1층 생활상 부조

부조를 구경하다가 어디선가 익숙한 향냄새가 나기 시작했다. 본능적으로 냄새를 따라간 곳에는 불상과 함께 향을 피우는 곳이 있었다. 집안이 불교라 이런 문화에 익숙해서 그런지 자연스레 향 하나를 피우고 1달러를 기부하였다. 자리를 떠나려는 찰나, 그곳에 계시는 현지인이 답례로 손으로 직접 만든 실팔찌를 채워주셨다.

"이 팔찌는 안 좋은 기운으로부터 보호해주는 역할을 합니다. 스스로 끊어지기 전까진 계속 지니고 계세요."

왠지 이런 미신 같은 이야기가 마음에 와 닿았고, 한국으로 돌아와서 6개월 정도는 샤워를 하거나 잠을 청할 때에도 항상 손목에 착용하고 있었다. 스스로 끊어질 기미가 도저히 안 보여 결국 내 손으로 끊어냈지만, 지금 생각해 보면 착용한 기간에 딱히 불미스러운 일도 없었던 것 같다. 어쩌면 실팔찌에 종교의 힘이 조금은 가미되지 않았을까?

향을 피웠던 불상

1층을 둘러보고 2층으로 올라가면 인간계에 도착하게 된다. 승려들이 수행을 하였던 장소라고 하나 그 흔적을 찾기가 쉽지 않다. 태국과의

전쟁으로 모두 사라진 것이다. 2층에서
시간을 오래 소모하지 말고, 3층 천상계
로 향하자. 바이욘 사원의 하이라이트인
3층에 오르면 사면상의 인자한 미소가 환
히 반겨준다. 건립 당시 캄보디아의 54주
를 뜻하는 54개의 봉우리가 있었으나 현
재는 37개만 남아 있는 상태이다. 가만히
살펴보면 사면상의 얼굴들이 전부 다르
다는 것을 알 수 있다. 입꼬리와 눈매, 그
리고 코 선까지……. 어느 것 하나 동일한
미소는 찾을 수 없었다.

  그렇다면 이처럼 한 봉우리마다 동서
남북 네 가지의 미소를 띠고 있는 사면상
은 과연 누구를 나타낸 것일까? 먼저, 불
교사원인 만큼 관음보살이라는 설이 첫
번째, 그리고 이와 동시에 당시 왕이었던
자야바르만 7세의 얼굴이라는 설도 있다.
인간과 백성들을 어디서나 지켜보고 있다
는 의미에서 단면이 아닌 사면상을 만든
게 아닐까?

  주관적으로 앙코르와트는 전체적인 아
우라가 느껴져 멀리 해자에서 바라보았을
때 가장 멋진 사원이라면, 바이욘 사원은
3층에서 사면상의 미소를 가장 가까이 바
라보았을 때 빛을 발하는 사원인 것 같다.

바이욘 사원 내부에서 휴식을 취하는 관광객

번외로 우리나라에도 사면상에 버금가는 '백제의 미소'라 불리는 '서산마애삼존불'이 있으니, 잊지 말고 꼭! 찾아가 보자.

궁금해, 유적지부스 알짜 정보!

1. 패키지투어 때 바이욘 사원의 투어 비중이 크므로 앙코르톰의 다른 유적지를 자세히 보고 싶다면 가이드에게 미리 요청해서 시간분배를 잘하자.
2. 앙코르톰에서는 코끼리투어(15달러), 곤돌라투어를 할 수 있다.
3. 바이욘 사원 3층 천상계에 오를 시, 앙코르와트 3층과 같이 복장에 유의해야 한다(치마와 민소매는 안 됨, 무릎을 가리는 하의, 모자 벗기).
4. 사면상을 배경으로 사진을 찍을 시, 창틀을 이용하면 멋진 사진을 남길 수 있다.

바이욘 사원 인근에서 즐길 수 있는 코끼리투어

캄보디아 여행의 목적,
천 년의 신화 '앙코르와트(Angkor Wat)'

● ● ●   프랑스 〉 파리 〉 에펠탑

대부분의 사람들은 프랑스를 방문해 본 적이 없어도, 이와 같이 에펠탑은 파리에 있고 파리는 프랑스의 도시라는 걸 알고 있다. 하지만 캄보디아를 방문한 적이 없는 사람들은 이런 걸 알지 못한다.

캄보디아 〉 ? 〉 앙코르와트

캄보디아의 씨엠립이라는 도시에 앙코르와트가 있다는 사실을 모르고 캄보디아 하면 앙코르와트밖에 떠오르지 않는 것이다. 그만큼 캄보디아에서 앙코르와트의 영향력은 상상 그 이상이다. 심지어 국기에도 새겨져 있을 정도이니 말이다.

드넓은 해자와 다리 뒤로 보이는 앙코르와트

캄보디아 = 앙코르와트

이게 더 어울릴지도 모르겠다.

세월이 흘러도 묵묵히 그 자리를 지키고 있는 천 년의 신화 앙코르와트. 해마다 엄청난 여행객들이 앙코르와트를 보기 위해 전 세계 각국에서 씨엠립을 방문한다. 갈수록 급증하는 관광객들 속에 이제는 앙코르와트 유적뿐만 아니라, 앙코르톰과 타프롬의 인지도도 함께 높아지고 있다.

앙코르와트의 시작인 서문 입구

앙코르와트를 오가는 관광객

천 년의 신화를 가지고 있는 앙코르와트를 만나러 가는 길은 방문한 횟수에 상관없이 항상 설레기 마련이다. 지금은 티켓 검사의 용도로 사용중인 예전 유적지매표소를 지나 짧은 시간 사색을 즐기고 있을 사이, 드넓은 해자와 다리 뒤로 보이는 앙코르와트의 자태가 관광객들을 반긴다. 다른 유적지들의 입구가 동쪽에 있는 반면, 앙코르와트는 입구가 서쪽에 자리 잡고 있다. 그 이유는 앙코르에서는 서쪽이 죽음의 방향을 가리키고, 당시 왕이었던 수리야바르만 2세가 서향을 상징하는 비슈누(시바·브라흐마와 함께 힌두교의 3대 신 중 하나)에게 바치는 힌두교 사원을 목적으로 지었기 때문이다.

첫 번째 방문이 서쪽 입구였다면, 두 번째 방문은 여행객의 흔적이 드문 남쪽 입구로 향해 보자. 이곳은 2006년 12월 고(故) 앙드레김의 패션쇼가 펼쳐진 주 무대이기에 더욱 특별하다. 마치 수리야바르만 2세가 된 듯 나만의 사원에 들어선 느낌을 받을 수 있다.

앙드레김의 패션쇼가 펼쳐진 남문 입구

서쪽 입구에는 서울의 '해태'와 유사한 '싱하' 상이 탐스러운 엉덩이의 자태를 보여준다. 다리로 들어서면 해자에서 뛰어 노는 아이들이 있다. 이 모습은 앙코르와트가 유적지라는 개념을 벗어나 현지인들에게 하나의 삶의 공간이 되어 버린 듯한 인상을 준다.

탐스러운 싱하의 엉덩이

다리를 건너 출입구를 통과하면 300m가 훌쩍 넘는 긴 참배로가 눈앞에 보인다. 참배로 양쪽으로는 연못이 펼쳐져 있는데, 그중 왼쪽 연못 앞쪽은 다섯 개의 봉우리 탑이 모두 보이는 일출 명소로 유명하다.

또한 연못에 반사되어 보이는 탑의 반영은 인도의 타지마할 못지않게 아름답다(일출 이야기는 118쪽 참고). 양쪽의 연못과 도서관 주위는 중앙성소가 전체적으로 잘 보이는 지역이니 사진촬영은 필수이다.

앙코르와트에서 뛰노는 원숭이들

위치를 정확히 모르겠다면 패키지 단체관광객들이 모여서 사진 찍고 있는 모습을 심심찮게 볼 수 있으니 그쪽으로 눈을 돌려보자.

해자에서 다이빙하는 아이들

연못에 탑이 반영되어 사진이 잘 나오는 명소

이제 본격적으로 중앙성소를 탐험할 시간이다. 앙코르와트는 총 3층으로 이루어진 피라미드 사원으로, 1층은 미물계, 2층은 인간계, 3층은 신들이 사는 천상계로 나뉜다. 1층의 회랑에 새겨진 총 8개의 부조들은 반시계 방향으로 힌두교 신화가 담긴 인도의 대서사시 '라마야나', '마하바라타', 그리고 그 외에 '하리밤사', '푸라나'와 같은 이야기들로 이루어져 있다. 이는 힌두교의 장례풍습과 일치하며 수리야바르만 2세의 무덤으로 추측되는 중요한 근거가 된다.

부조를 관람하는 순서는 크게 두 가지로 나뉜다. 먼저 왕만이 출입이 가능한 중앙 입구를 통해 반시계 방향의 '쿠루 평원의 전투'를 시작으로 8개의 부조를 전부 보는 방법이 있고, 제일 북쪽 입구로 들어가 '랑카의 전투'부터 '우유 바다 휘젓기'까지 5개의 부조를 보고 2층으로 향하는 속성코스로 나뉜다. 도중에 서북쪽과 서남쪽 모서리 고푸라에도 부조들이 있으니 참고하도록 하자.

힌두 신화의 천지창조, 우유 바다 휘젓기

쿠루 평원의 전투를 나타낸 부조

가이드에게 부조 설명을 듣고 있는 관광객

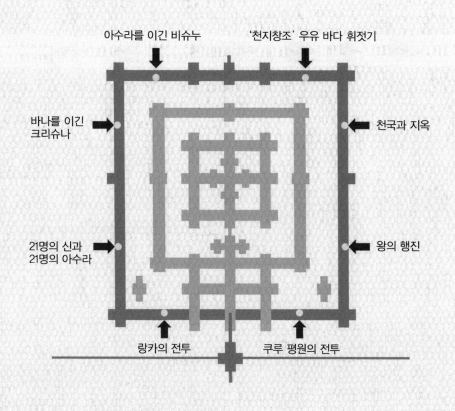

아수라를 이긴 비슈누　　　　'천지창조' 우유 바다 휘젓기

바나를 이긴
크리슈나

천국과 지옥

21명의 신과
21명의 아수라

왕의 행진

랑카의 전투　　　　쿠루 평원의 전투

1층 회랑의 부조 위치

'아는 만큼 보인다'고 했다. 힌두 신화를 예습하고 앙코르와트를 방문한 것과 그렇지 않은 것은 커다란 차이를 나타낸다. 제대로 부조를 이해하고 즐기기 위해선 필히 예습하고 오도록 하자. 앙코르와트뿐만 아니라 다른 유적지에서도 힌두 신화를 나타내는 부조들이 많다. 1층 회랑에 자리 잡은 모든 부조들은 하나같이 올록볼록한 입체감이 뛰어나, 보는 위치에 따라 부조에 새겨진 모습들이 다양하게 비치는데, 이는 놀라울 정도로 섬세하다. 특히 남동면 회랑에서 볼 수 있는 '천국과 지옥'은 꽤 오랜 시간 나의 발걸음을 붙잡았다.

남동면 회랑에서 볼 수 있는 '천국과 지옥' 부조

개인적으로 천국과 지옥설에 대해 이미 어느 정도의 관심과 신뢰를 가지고 있었다. 그 계기는 베르나르 베르베르의 소설 『천사들의 제국』을 읽고 난 다음이었다. 책을 읽어보면 인간이 죽은 후 일정한 인생의 점수를 기준으로, 초과하면 천국에서 천사가 되고, 미달되면 다른 하류 생물체로 환생하거나 지옥으로 떨어진다는 구절을 찾을 수 있다. 이 책을 읽고 나서 나 자신도 모르게 인생의 점수를 초과하기 위해 쓰레기를 버리지 않는다거나 착한 일을 하면,

"앗싸! 천국으로 가는 점수 +10점!~"

하는 식의 유치한 장난을 치기도 했다. 어쨌거나 다시 앙코르와트로 돌아와 '천국과 지옥'은 딱히 신화적 내용을 몰라도 누구나 재밌게 볼 수 있는 부조이다. 간단히 설명하면 힌두교에서는 37개의 천국과 32개의 지옥이 존재하는데 여기서 야마신(죽음의 신)의 재판에 의해 천국행과 지옥행이 나뉜다고 한다.

부조 측면에 물소를 타고 여러 개의 팔을 가진 인물이 야마신인 것을 알 수 있다. 총 3단 구조로 되어 있으며, 중간은 재판을 기다리는 모습, 위쪽은 천국, 아래는 지옥을 나타내고 있다. 압사라 무녀들과 함께 너무나 행복한 모습의 천국에 반해, 온몸에 못이 박히고, 눈이 뽑히는 등 적나라하게 잔인한 모습의 지옥은 차마 자세히 들여다보기가 힘들 정도였다. 재미와 동시에 착하게 살아야 하는 삶의 교훈을 주는 유용한 부조임에 분명하다.

1층과 달리 인간계의 2층 회랑은 첫인상이 굉장히 휑하다. 특별히 이목을 끄는 모습들은 전쟁의 흔적들로 인해 대부분 목이 잘려 훼손된 쓸쓸한 석상들뿐이다.

전쟁의 상처로 훼손된 2층의 석상들

2층 회랑 외부 벽에는 1,000명이 훌쩍 넘는 압사라 무녀들의 부조들이 벽면을 가득 채우고 있다. 서로 다른 장신구와 표정, 손동작들은 여행객의 시선을 한눈에 사로잡는다(자세한 압사라 이야기는 246쪽 참고).

2층 외부 벽의 우아한 압사라

텅 빈 2층 회랑

2층 외부에는 수많은 사람들이 줄을 서서 기다리고 있는 모습을 볼 수 있다. 그 이유는 바로 신의 세계인 3층으로 가기 위해서이다. 경사가 70도에 육박하는 계단들이 총 12개가 있지만 사고사례가 많아 지금은 한 곳만 사용하고 있다. 안전을 위해 나무계단을 만들어 두었지만, 이마저도 아슬아슬해 보인다. 예전에는 네 발로 몸을 숙여서 올랐을 텐데.

생각만 해도 아찔하다. 이것은 신성한 공간으로 신에게 다가가기 위해 몸을 숙이고 존경을 표해야 함을 의미한다. 우선 3층에 오르기 전에 복장을 점검해야 한다. 무릎이 보이는 바지나 치마, 민소매는 허용되지 않으므로 앙코르와트의 랜드마크(?)인 중앙탑을 가까이서 보기 위해서는 꼭 신경을 쓰자.

금지된 계단

2층에서 바라본 우뚝 솟은 3층

2층과 3층 사이 마당

3층을 오르는 아찔한 계단

신에게 다가가는 마음으로 한 발 한 발 조심히 오르다 보면 어느새 3층에 도착하게 된다. 여기까지 왔다면 조금 쉬어가도 좋다. 잠시 숨을 고르고, 앙코르와트에서 가장 높은 이곳에서 주위 경관을 만끽하자.

압사라 무녀와 기념촬영 한 컷!

저 멀리 보이는 진입로까지 완벽하게 대칭을 이루고 있는 앙코르와트를 보면 또다시 감탄을 하게 되고, 이곳을 향하는 수많은 관광객들을 내려다보면 천 년 전의 수리야바르만 2세로 돌아간 착각이 들 것이다.

3층에서 내려가는 가파른 계단

3층에서 바라본 앙코르와트 경관

3층에 우뚝 솟아 있는 중앙탑은 앙코르와트에서 가장 높은 탑이다. 힌두교에서 말하는 우주의 중심축인 '메루산'이라고도 부르며, 중앙탑을 중심으로 10m 정도 낮은 네 개의 탑은 메루산 주변의 봉우리를 의미한다. 이렇게 앙코르와트는 우주의 축소판을 나타낸 것이다.

가짜 창문. 석조건물의 특성상 외부의 충격에 하중이 견디지 못하여 본래의 창문 역할 대신
창살같은 디자인에 초점을 맞춘 가짜 창문이다.

3층 중앙성소

3층 중앙성소에서 중앙탑을 배경으로 사진을 찍는 관광객들

3층 중앙성소의 중앙탑 앞에서

많은 사람들이 앙코르와트를 세계 7대 불가사의로 알고 있지만, 사실 공식적으로 그 안에 앙코르와트는 없다. 하지만 불가사의한 건축물이라는 건 전 세계가 인정하고 있는 명백한 사실이다. 완벽한 건물 대칭과 설계기술, 천 년 전에 인간과 코끼리의 힘만으로 40년이 채 되지 않은 기간에 완성했다는 점, 엄청난 크기의 돌들을 어떻게 운반했는지 등등 풀리지 않는 미스터리가 셀 수 없을 정도이다.

해가 거듭할수록 의문점을 두 눈으로 증명하고 싶은 호기심에 앙코르와트로 향하는 관광객들의 발길이 늘어가고 있다. 개인적인 바람이지만, 영원히 풀리지 않는 숙제로 역사상 가장 위대한 불가사의로 남길 기대해본다.

궁금해, 유적지부스 알짜 정보!

Q. 앙코르와트 관람 시 복장제한이 있나요?
A. 3층 천상의 계단을 오르기 위해서는 복장 규정이 있습니다. 반바지, 무릎이 보이는 하의, 치마, 민소매 등은 피해야 합니다(참고로 앙코르톰 3층도 마찬가지이다).

Q. 사진이 잘 나오는 명소는 어디인가요?
A. 중앙성소로 들어가기 전, 연못 주위는 포토존이라 불릴 만큼 사진이 잘 나오니 잊지 마세요.

Q. 힌두교 신화를 미리 알아야 할까요?
A. 아는 만큼 보인다! 회랑의 부조들을 이해하기 위해 힌두교 신화를 미리 예습하는 것이 좋습니다.

Q. 3층 천상계보다 더 높은 곳에서 앙코르와트를 보고 싶다면 어떻게 해야 할까요?
A. 앙코르와트를 더 높은 곳에서 보고 싶다면, 애드벌룬을 타보세요.

Q. 앙코르와트에 화장실은 어디에 있나요?
A. 화장실은 사원 안에는 없으며 앙코르와트의 해자로 향하기 전, 반대쪽으로 쭉 걸어가다 보면 찾을 수 있습니다(무료).

Q. 입구에서 팔고 있는 아이스크림은 맛있을까요?
A. 해자 주위에서 현지 상인이 팔고 있는 아이스크림은 맛있어 보이지만, 무더운 날씨 탓에 구토증세를 보일 수 있으므로 조심해야 합니다. 생수를 챙겨 가는 것이 좋습니다.

앙코르와트 일출 보기
(Angkor Wat Sunrise)

　　●●● 이른 새벽 무겁게 닫힌 눈을 뜨게 만든 건 전
날 호텔 프런트 직원에게 부탁한 모닝콜(Wake up call) 서비스였다. 오
늘은 캄보디아 여행의 하이라이트인 '앙코르와트'의 일출을 보러 가
는 날이다. 반쯤 눈을 감은 채, 부랴부랴 준비를 마치고 카트카(CART
CAR)를 요청했다. 소카라이 빌라에 투숙 중이라 어두운 새벽에 호텔
본관 로비까지 걸어갈 수가 없었기 때문이다. 6번 국도 양쪽으로 대부
분 호텔들이 나란히 들어서 있는 씨엠립은 유적지가 호텔과 가깝다는
커다란 메리트를 가지고 있다. 15분 정도 지났을까? 어느새 앙코르와
트 입구에 도착했다. 새벽에 도착한 앙코르와트는 투어를 통해 들렀던
예전과는 다른 묘한 느낌이었다. 아무것도 보이지 않는 칠흑 같은 어
둠 속에서 휴대폰 전등 기능은 가이드 역할을 대신하였고 우리는 그
빛에 의지한 채 한 발자국씩 내딛다가 어느덧 앙코르와트 해자 앞에
도착했다.

AM 4:00

이미 수많은 관광객들이 명당을 차지하느라 이른 새벽부터 자리를 잡고 있었다. 촬영일정을 도와주는 이 실장님은 해자를 중심으로 왼쪽 연못이 명당이라고 한다. 우리는 원활한 촬영진행을 위해 발걸음을 재촉하다가 재밌는 장면을 발견했다.

"앗, 의자와 돗자리가 깔려 있네?"

수많은 관광객들이 일출을 보러 오는 걸 알고 노점 상인들이 이곳에서 일명 '자릿세'를 받고 자리를 대여해준다. 1시간 이상을 기다려야 하는 걸 생각해 보면, 이용하는 것도 나쁘지 않았다. 이런 돗자리도 음료와 함께 한정판매를 통해 금방 매진되므로 여유 있게 일출의 시간을 즐기고 싶다면 망설이지 말고 대여하도록 하자.

잠을 이기지 못하고 뒤늦게 도착한 관광객들은 돗자리 경계선 뒤로 물러서서 일출을 기다린다. 이런 시스템을 모르는 외국인들이 눈치 없이 돗자리 옆을 비집고 들어오지만, 차가운 주위 시선을 느끼고는 "Sorry"라는 외마디를 던진 채 경계선 뒤로 뒷걸음질 친다. 앙코르와트의 새벽 공기는 어릴 적 시골에서 느꼈던 이른 새벽 공기랑 매우 흡사했다.

아름다운 일출의 순간을 포착하기 위해 설치된 캠코더

 5개의 주탑이 해자에 비치는 아름다운 반영을 바라보며, 잠시나마 도시의 일상에서 벗어나 추억의 향수에 젖어든다. 점차 보랏빛으로 여명(黎明)이 나타나고, 수많은 관광객들은 분주하게 셔터를 누르기 시작했다. 보랏빛은 점차 붉은빛으로 변하고, 앙코르와트의 모습도 미세하게 변해갔다.

분주하게 셔터를 누르는 관광객들

어둠 속에서 장엄한 자태를 드러내는 앙코르와트

　서쪽에서 해가 서서히 떠오르고, 희미했던 앙코르와트의 모습이 두 눈에 선명하게 들어오는 순간이다. 어둠 속에 가려진 천 년의 신화가 지금 우리 눈앞에 버젓이 장엄한 자태를 드러냈다. 일출을 기다리면서 갑작스런 스콜성 비가 내리는 경우도 허다하다지만, 그런 불운은 우리에게 다가오지 않았다.

　어느새 찾아온 아침을 맞이하며, 일출을 함께한 관광객들은 본격적인 앙코르와트 탐험을 위해 1층 회랑으로 향하기도 하고, 부족한 잠을 채우기 위해 숙소로 발걸음을 옮기는 등 각자의 방식으로 아침을 즐겼다. 우리는 잠시 왼쪽 연못 근처에 자리 잡은 노점에 들렀다. 무더운

날씨 속에 조금이나마 활동의
편의를 위해 이곳에서 치마바
지를 구입했다. 캄보디아 전통
스타일의 치마바지! 마치 날다
람쥐가 날아갈 때 모습이랑 흡
사하고, 상당히 가벼우며 속까
지 시원했다. 빡빡한 여행일정
을 준비하고 있다면 무조건 구
입하라고 추천하고 싶다.

　지나가는 현지인들이 이런 내
모습에 배시시 웃기도 하지만, "로마에 오면 로마의 법에 따르라"는 말
이 있듯이 현지에 최대한 친근하게 다가가는 것도 여행의 색다른 매
력이다. 여행을 끝내고 돌아와서 남는 건 사진과 바로 이 치마바지와
같은 추억이 아닐까.

　　🔺 **궁금해, 앙코르와트 일출**

　Q. 일출 사진을 찍기 위한 명당은 어디인가요?
　A. 해자를 중심으로 왼쪽 연못이 바로 명당입니다.

　Q. 일 년 중 특별한 일출을 만날 수 있는 시기는 언제인가요?
　A. 춘분(3월 21일)과, 추분(9월 21일) 때 앙코르와트의 중앙탑 위로
　　해가 떠오르는 신기한 일출을 경험할 수 있습니다.

'여인의 성체'
반띠아이쓰레이(Banteay Srei)

••• 씨엠립에서 20km 이상 떨어진 곳에 앙코르 유적 중 가장 아름다운 사원이라 불리는 '반띠아이쓰레이'가 자리 잡고 있다. 이 유적을 보러 가는 데 1시간 정도의 시간이 소요되지만 결코 지루하진 않다. 씨엠립에서 볼 수 없었던 시골마을과 아직까지 옛 전통방식의 삶을 고수하는 현지인들을 구경할 수 있기 때문이다. 이런 점에서 수많은 유적지 중에서도 나는 반띠아이쓰레이와 벵밀리아(Beng Mealea)를 선호한다.

반띠아이쓰레이로 가는 확 트인 도로

우리나라에서는 볼 수 없는 회색들소

반가운 반띠아이쓰레이 인근의 이정표

    반띠아이쓰레이 사원의 입구로 향하는 길 어딘가에 자리 잡은 노점에서 발견한 달짝지근한 아이스커피는 나의 정수리에 내리꽂는 햇빛의 온도를 식혀주었다.

유적지로 들어가기 전, 더위를 피하는 관광객

달짝지근한 커피와 기념품을 파는 가게

온통 황토색과 붉은 기운이 감도는 참배길을 지나면 사원이 눈앞에 펼쳐진다. 사원의 규모가 그리 크지 않아 전체를 둘러보는 데 많은 시간이 소요되지는 않는다. 붉은 사암으로 만들어진 이곳은 앙코르 건축의 백미 또는 '여인의 성체'라고 불리는데, 그 이유는 다른 사원에서는 볼 수 없는 정교한 기법으로 표현한 부조들과 여신상 때문이다. 또한 아나스틸로시스(Anastylosis)라는 전체를 해체한 후 복원하는 작업을 거쳐 완벽한 복원을 자랑하고 있다.

부조들은 인도 서사시 '라마야나'와 '마하바라타'에서 발췌한 이야기이며, 핵심 포인트는 크게 카일라사 산을 뒤흔드는 라바나(악마의 왕) 부조가 있는 북쪽 도서관, 시바(힌두 신화의 3대 신)의 부조가 있는 남쪽 도서관, 그리고 동양의 모나리자로 불리는 '데바타' 여신상이 있는 중앙신전으로 나눌 수 있다.

사원의 입구와 참배길

반띠아이쓰레이의 중앙성소

붉은 사암으로 이루어져 묘한 분위기를 자아내는 반띠아이쓰레이

여기서 중요한 건 바로 중앙신전의 여신상이다. 후일 프랑스 문화부
장관이자, 소설가 앙드레 말로가 1923년 앙코르 유적에 처음 도착했
을 때, '데바타' 여신상에 반해서 밀반출하려다 체포되었던 유명한 사
건이 있었기 때문이다.

앙드레 말로가 도굴했던 데바타상

이 사건으로 인해 반띠아이쓰레이는 유난히 유로피언 관광객이 많이 찾는다. 나 또한 이곳을 맴돌다 가이드가 단체관광객들에게 여신상의 위치를 알려주는 모습을 여러 번 보았다. 다른 유적지에서 보았던 압사라 무녀와는 분위기가 사뭇 달랐다. 뭐랄까, 일반적인 압사라 무녀는 부조에서 강렬한 아우라를 풍기며, 풍만한 가슴과 날카로운 선의 이미지였다. 물론 부조에 한정되어 있고, 압사라 민속쇼를 묘사하는 건 아니다. 이와 달리 반띠아이쓰레이의 유일한 이 여신상은 배꼽의 액세서리나 풍채를 유심히

보니, 몸의 균형이 잡혀 있고 곡선이 살아 있어, 부드러운 여인의 느낌이 강하게 들었다. 막상 비교해 보니 앙드레 말로가 여신상에 반했던 기분을 이해할 수 있을 것 같기도 하다.

라마야나 이야기가 담긴 섬세한 부조

탑을 지키고 있는 가루다. 얼굴은 원숭이, 몸은 사람의 형체를 지니고 있다.

단색이 아닌 다양한 붉은색 계통이 잘 어우러진 사원의 모습

앙코르 유적지는 부조에 담긴 신화의 내용을 알고 접근하면 여행의 재미가 배로 증가하지만, 이곳에서는 억지로 이해할 필요는 없다고 생각한다(물론 앙코르와트만큼 대표 유적지이니 미리 공부하는 게 좋다). 대신 중앙신전의 여신상을 보고 다른 유적의 압사라 무녀와의 차이점은 반드시 관찰해 보자. 이곳에 소비한 왕복 2시간은 결코 아깝지 않을 것이다.

궁금해, 반띠아이쓰레이!

Q. 씨엠립에서 1시간 정도 소요된다는데 툭툭이 이용 시 요금은 어느 정도가 적당할까요?
A. 정해진 요금이 없으므로 흥정은 필수이며, 8~15달러가 적당합니다.

Q. 하루 중 언제 방문하는 것이 좋을까요?
A. 여유롭게 둘러보고 싶다면 단체관광객이 적은 아침을 이용하는 것이 좋습니다. 오후에 들른다면 해가 질 때 붉은 사암에 비치는 사원의 절경을 놓치지 말고 보시기를 권합니다.

'무너진 사원 탐험하기'
벵밀리아(Beng Mealea)

    ••• 이른 아침, 조금 멀리 떠나기 위해 김밥을 준비해서 차에 올랐다. 바로 '벵밀리아' 사원으로 가기 위한 준비였다. 대부분의 앙코르 유적지는 시내와 가까이 자리 잡고 있지만, 벵밀리아는 앙코르 유적지와 60km 이상 떨어져 있어 차량으로 이동 시 1시간 30분 정도 소요된다.

    창밖으로 보이는 푸른 하늘과 끝없이 펼쳐진 들판에 눈이 정화되고, 다소 거리가 있는 새로운 곳으로 떠나는 생각에 기분이 설레었다. 또한 잊을 만하면 쏟아지는 스콜은 캄보디아 여행의 단골손님이다.

무너진 사원으로 형체를 알 수 없는 벵밀리아

동남아의 스콜은 예고 없이 찾아온다.

우리나라 관광객들과는 달리, 비교적 장기간의 휴가를 내고 오는 서양 관광객들은 툭툭이를 타고 긴 이동시간의 여유를 만끽하고 있었다. 잠시 찾아온 스콜에 스르르 눈이 감긴 것도 잠시, 눈을 떠 보니 어느새 목적지에 인접해 있었다.

벵밀리아 사원으로 향하는 길

　벵밀리아는 '연꽃 연못'이라는 뜻을 가지고 있으며, 사원 내부에 물
이 흐르도록 만들어 수중사원이라고 불리었다고 한다. 12세기 무렵,
수리야바르만 2세 때 완공되었다고 하지만 사원의 용도와 시대가 정
확하지 않다. 그런 이유로 가장 꾸밈없고 사실적인 사원으로 평가받고
있으며, 개인적으로 앙코르와트 다음으로 가장 좋아하는 유적지이다.
이곳은 다른 앙코르 유적지와 달리 유적지패스에 입장료가 포함되어
있지 않아 별도로 5달러 정도의 입장료가 소요된다.

입구로 향하는 길목에는 검은 무늬를 가진 강아지와 나가(인도신화에 등장하는 뱀을 형상화한 신)상이 함께 우리를 맞이했다. 몇몇의 나가상은 아주 말끔한 모습을 갖추고 있는데, 이는 복원된 것임을 말해주는 흔적이다. 5분쯤 걸었을까? 길목의 끝에서 벵밀리아의 입구가 드러났다. 불규칙하게 무너진 돌들이 쌓여 있는 입구는 새로운 세상으로 향하는 문처럼 신비로운 분위기를 자아냈다. 이곳은 일본의 인기 애니메이션 〈천공의 성 라퓨타〉의 모티브가 된 곳이라 유난히 일본 관광객들이 많이 찾는다고 한다. 또한 우리나라에는 영화 〈알포인트〉의 촬영지로 알려져 있다.

벵밀리아 사원으로 향하는 길

　영화 속의 주 무대인 폐허가 된 저택은 벵밀리아가 아니라 캄폿이라는 마을의 보코 국립공원에 위치한 빈 저택이다. 하지만 벵밀리아도영화 속에 틈틈이 등장하기 때문에 이곳을 방문한 관광객이면 영화속 촬영지를 찾아보는 것도 하나의 재미가 될 것이다.
　입구를 지나 사원에 들어섰을 때의 광경은 마치 영화나 애니메이션의 한 장면과 같았다. 사원을 덮고 있는 나무뿌리는 악어와 악어새만큼이나 자연스러워 보였다. 무너진 사원과 숲 사이사이로 관광객들을위한 안전한 길이 만들어져 있었다. 하지만! 이 길로만 다닌다면 신비로운 벵밀리아의 진가를 맛보지 못한다.

벵밀리아는 '연꽃 연못' 이라는 뜻으로 사원 내부에 물이 흐르게 만들어
수중사원으로 불리었다고 한다.

자연 속에 동화되어버린 듯한 벵밀리아

벵밀리아에서 탐험을 즐기는 일본 관광객들의 모습

무너진 벵밀리아 사원의 돌들을 밟고 깊숙이 내려오면
마치 숨겨둔 동굴로 들어온 듯한 느낌을 받을 수 있다.

영화 〈툼레이더〉나 〈인디아나 존스〉를 보았는가? 마치 영화 속의 주인공처럼 무너진 사원의 돌들을 밟으며 이리저리 휘젓고 다녀야 제맛인 가장 액티브한 유적지가 바로 이곳이다. 따라서 미끄러지지 않는 운동화 착용과 활동에 용이한 옷차림은 필수조건이다. 그렇지 않으면 사고가 발생할 가능성이 높은 곳이기 때문이다.

땀에 흠뻑 젖어 사원을 이리저리 헤쳐 다니다 마시는 물 한 모금은 뼛 속까지 전해지는 신의 은총과 같았다. 무너진 사원의 돌들을 밟고 어두운 바닥까지 내려갔을 때에는 마치 지하 동굴에 들어온 것처럼 앞이 잘 보이지 않았다. 하지만 인간은 동물과 달리 도구를 사용할 수 있지 않은가? 혹시나 떨어뜨릴까 주머니에 꼭꼭 넣어둔 휴대폰을 꺼내어 조명기능으로 앞을 밝혔다. 마치 인디아나 존스처럼 지하를 탐험하기 시작한 것이다. 뒤따라오던 일본 관광객들도 조명불빛이 반가웠는지 "아리가토 고자이마스"라며 한마디를 조용히 내던지면서 졸래졸래 따라오기 시작했다.

자칫하면 길을 잃을 수도 있지만, 눈을 돌리면 여기저기 관광객들을 안내해주는 아이들이 있기에 이런 걱정은 하지 않아도 된다. 아이들을 따라 이곳저곳 헤쳐 다니다가 헤어질 때 1~2달러 정도 주면 간단하게 해결되는 사소한 문제이기 때문이다. 사원을 벗어나면 야외 식당들이 몇몇 모여 있으니, 목을 축이거나 간단한 요깃거리를 즐기도록 하자.

벵밀리아의 가짜 창문. 앙코르와트와 동일한 디자인의 가짜 창문을 확인할 수 있다.

궁금해, 벵밀리아!

Q. 유적지패스로 입장이 가능한 유적지인가요?
A. 유적지패스와 별도로 입장료를 내야 합니다(약 5달러).

Q. 어떤 영화와 애니메이션에 등장했나요?
A. 영화 〈알포인트〉의 촬영지이며, 일본 애니메이션 〈천공의 성 라퓨타〉의 모티브가 된 사원입니다.

'일몰의 1인자'
프놈바켕 일몰(Phnom Bakheng Sunset)

●●● 앙코르와트에서 일출을 봤으니, 일몰도 한 번은 봐야겠지? 촬영스케줄을 기획할 때부터 기필코 일출과 일몰은 다 보고 돌아올 거라고 다짐했었다. 톤레샵에서 보는 일몰도 꽤나 운치 있을 거라고 생각했지만 결국은 일몰 관광객들이 가장 많이 몰리는 프놈바켕으로 선택했다. 하나의 군중심리로 의심을 품기보다는 사람이 몰리는 곳엔 항상 이유가 있지 않을까 하는 긍정적인 마인드로 속는 셈 치고 결정한 것이다. 촬영을 위해 누구보다 유리한 위치에서 미리 캠코더를 설치하고 있어야 하기 때문에 해가 지기엔 이른 시간이지만 오후 3시쯤 PD 형과 서포터즈들은 먼저 프놈바켕으로 떠났다. 나는 잠시 후 합류하기로 했다. 프놈바켕은 앙코르와트와 앙코르톰 사이에 자리 잡은 바켕산에 위치한 힌두 사원이다. 야소바르만 1세가 지은 사원으로 앙코르 유적 중 최초로 층으로 쌓은 사원으로 알려져 있다.

프놈바켕 정상의 중앙탑. 그나마 다른 탑에 비해 잘 보존되어 있다.

프놈바켕으로 오르는 언덕 아래

    높이가 약 67m 정도 되는 산으로 사실 20분 정도 오르면 도착하는 작은 언덕이다. 앙코르와트 일출을 명당에서 보기 위해 새벽 3시에 눈을 뜬 것에 비하면, 프놈바켕 일몰 프로젝트(?)는 동네 마트에 가는 마실에 가까웠다. 또한, 이곳은 코끼리를 타고 올라갈 수도 있다. 물론 동물애호가인 나는 탈 생각이 없지만, 여하튼 두 팔을 걷고 산 입구로 가벼운 발걸음을 옮기려는 순간, 어딘가에서 낯익은 음악소리가 들린다.

    "아리랑~ 아리랑~ 아라리요~~"목소리가 아니라 아름다운 음색을 가진 악기소리이다. 여러 명의 현지인들이 악기를 연주하고 있는데, 그 모습이 조금은 어색해 보였다. 가까이 다가가 보니 이들 앞에 놓인 표지판에 '캄보디아 지뢰피해군인들'이라고 적혀 있었다. 마침 어렴풋이 인터넷뉴스에서 접했던 기사가 떠올랐다. 그 기사에는 매년 지뢰로 인한 인명 피해가 발생하고 있으며, 캄보디아 정부가 추측하기로 오는 2020년까지 전국의 매설 지뢰를 완전히 제거하려면 3천만 달러 이상이 소요될 것이라고 했다.

언덕을 오르는 길에 지뢰피해군인들을 볼 수 있다.

몸이 불편함에도 불구하고 지뢰피해군인들이 이같은 활동을 이어가
는 것은 지난날의 아픔을 되새기고, 앞으로는 이런 참혹한 전쟁이 일어
나지 않기를 바라는 의미가 아닐까? 아픈 역사를 아직까지 떠안고 있는
이들의 아픔을 잠시 위로한 채 다시 산으로 발걸음을 옮겼다. 소문대로
20분도 채 되지 않아 어느덧 프놈바켕의 자태가 보이기 시작했다.

언덕에 올라 프놈바켕으로 오르기 전 한숨 돌리는 관광객

정상으로 향하는 계단

　역사 속의 108개의 탑은 없고, 마지막 층에 5개의 신전이 온전하게 남아 있었다. 마지막 층에 올라 잠시 가쁜 숨을 내쉬고 주위를 둘러보았다. 수많은 관광객들이 이미 자리를 차지한 채, 아름다운 일몰을 기다리고 있었다. 영화 〈툼레이더〉에서 안젤리나 졸리가 이곳에서 망원경을 바라보았듯이, 나 또한 덩달아 주위를 천천히 둘러보았다. 확 트인 사방에 앙코르와트는 물론 저 멀리 톤레삽과 우거진 열대우림까지, 그야말로 장관이 따로 없었다.

프놈바켕 정상에서 즐기는 씨엠립 광경

"아차! 목적을 잊어서는 안 되지."

정신을 차리고 촬영을 위해 먼저 올라간 PD 형과 서포터즈 일행을
찾았다.

"캠코더는요? 여기서 커다란 캠코더는 촬영이 힘들지 않을까요?
"쉿! 걱정 마. 여기 있어 여기."

일반 똑딱이(콤팩트카메라)나 DSLR은 문제없지만, 캠코디 이상의
기기는 허가가 없는 한 촬영이 어렵다. 이에 베테랑인 우리 PD 형은
비상사태를 대비해 이미 수건으로 캠코더를 살짝 덮어놓은 상태였다.
우리는 안도의 미소를 띤 채, 다가올 아름다운 일몰의 순간을 숨죽여
기다렸다.
　바로 그때. 한 금발의 관광객이 낮은 층수의 계단에 앉는 바람에 캠
코더의 정면 시야를 절묘하게 가려 버렸다.

"이런……."

비켜달라고 할 수도 없는 막막한 상황에 하늘은 우리를 도왔다. 저
멀리서 캄보디아유적 관광청 직원으로 보이는 남자가 계단에 앉아 있
는 금발 관광객을 향해 다가와 한마디 건넸다.

"유적지 계단에 앉아 계시면 안 됩니다. 다른 곳으로 이동해주세요."

자세한 영문도 모른 채, 관광객은 자리를 비켜주었다. 그 후 여러 명

의 관광객이 명당으로 보이는 이 계단을 그냥 지나치지 못하고 앉아 보지만, 단 한 번도 놓치지 않고 정의의 사도는 그들을 물리친다. 아마 신에게 오르는 계단이라 그곳에 앉는 행위가 무례한 행동으로 보이는 모양이다.

여차저차 우리의 캠코더는 ON - AIR 중이고, 사진을 찍고 있는 여러 인종의 관광객들을 구경하다 보니 어느덧 일몰의 순간이 점차 다가오기 시작했다. 모두를 숨죽이게 만든 이 순간, 관광객들은 제각기 "여행의 추억"을 되새기고 있지 않았을까? 마지막 일정을 일몰과 함께 정리하는 관광객, 바쁘게 유적지 이곳저곳을 다니느라 바빴던 하루의 끝을 정리하는 관광객, 나 역시 영화 크레딧 장면처럼 순간순간의 짧은 추억들이 스쳐 지나갔다.

일몰을 기다리는 관광객들

기다리던 일몰의 순간. 관광객들은 숨을 죽여 일몰의 순간을 만끽하며 여행의 추억을 되새겨 보는 시간을 갖는다.

점차 어두워지는 프놈바켕을 뒤로하며, 배고픔을 달래기 위해 수많은 관광객들 사이로 서둘러 산을 내려왔다.

씨엠립 여행을 준비하는 이들에게 가까운 일몰관광지로 추천하고 싶은 곳이 바로 프놈바켕이다. 앙코르와트처럼 웅장하다거나 볼거리가 많아서가 아니다. 바로 일몰을 기다리는 동안, 무더운 날씨와 바쁜 여행의 끝에 여유를 되찾고 일몰을 바라보며 여행을 정리할 수 있는 값진 시간을 제공해주기 때문이다.

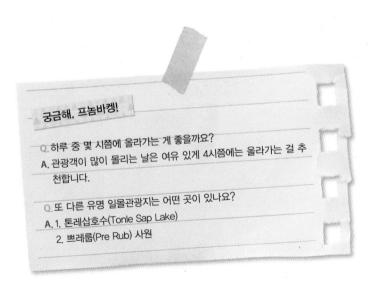

궁금해, 프놈바켕!

Q. 하루 중 몇 시쯤에 올라가는 게 좋을까요?
A. 관광객이 많이 몰리는 날은 여유 있게 4시쯤에는 올라가는 걸 추천합니다.

Q. 또 다른 유명 일몰관광지는 어떤 곳이 있나요?
A. 1. 톤레삽호수(Tonle Sap Lake)
   2. 쁘레룹(Pre Rub) 사원

'신이 내린 자연과 함께 호흡하는 사원'
타프롬(Ta Prohm)

● ● ● 앙코르와트와 더불어 여행 후 가장 기억에 남는 유적지 중 한 곳은 바로 타프롬 사원이다. 이름을 기억하지 못하더라도 커다란 나무가 사원을 집어삼킨 유적지라고 말한다면 열에 아홉은 그 순간을 생생하게 떠올릴 것이다. 앙코르와트에서 4km 정도 떨어진 타프롬은 당시의 왕이었던 자야바르만 7세가 어머니의 극락왕생을 빌기 위해 만들었다. 수도원으로서의 목적이 강해 복원을 하지 않고 있는 그대로를 보존하고 있다. 복원할 수 없는 또 다른 이유는 사원을 덮고 있는 스펑나무이다. 지금도 계속 자라나고 있기 때문에 성장 억제주사를 주입해 사원을 보존하고 있는데 아니, 언젠가는 무너질 사원일지도 모르니 잠시 지체시키고 있다는 표현이 더 어울린다. 그럼 스펑나무만 잘라내면 해결되는 문제가 아닐까? 이런 단순한 의문으로 해결될 규모는 아니다. 오히려 나무를 잘라내는 과정에서 사원이 무너질 가능성이 더 높기 때문이다. 그리고 관광객들은 나무와 사원이 혼

연일체로 살아 숨 쉬고 있는 신비로운 모습에 반해 이곳으로 발걸음을 옮기고 있다. 이미 떼어낼 수 없는 운명을 타고난 사원인 것이다. 만약 스펑나무가 없었더라면 타프롬이 지금처럼 메인 유적지 중 하나로 남아 있었을까?

스펑나무와 혼연일체가 되어버린 타프롬 사원

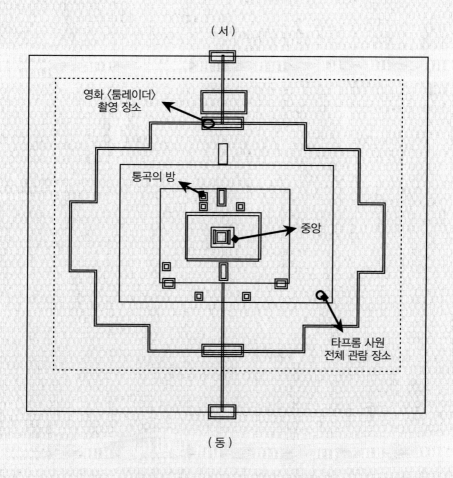

（서）

영화 〈툼레이더〉
촬영 장소

통곡의 방

중앙

타프롬 사원
전체 관람 장소

（동）

타프롬 전체 지도

스펑나무. 지금도 계속 자라나고 있어 사원을 보존하기 위해 성장억제주사를 주입한다고 한다.

사원을 거닐다 보면, 유난히 관광객들이 몰려 있는 장소를 발견할 수 있다. 이곳은 사진이 가장 잘 나온다는 '명당 중의 명당'이다. 다른 유적지와 달리 여행객들이 순서를 기다렸다가 찍을 정도로 장관이니 놓치지 말자. 여행 후 남는 건 사진이고, 사진이 바로 추억이니까.

'안젤리나 졸리' 주연의 영화 〈툼레이더〉의 촬영장소 중 하나였던 타프롬 사원

사진 명당 포인트 1

사진 명당 포인트 2

사진 명당 포인트 3

　타프롬 사원엔 스펑나무 외에 또 다른 관전 포인트가 있다. 그곳은
바로 '통곡의 방'이다. 자야바르만 7세가 어머니를 잊지 못해 가슴을
치며 통곡을 했다는 곳으로 유명하다. 천장이 뻥 뚫린 이 방에서 벽에
기대어 가슴을 퉁퉁 두드려 보면 공명현상이 생기게 된다.

통곡의 방 입구

천장이 뚫린 방에서 가슴을 치면 공명현상이
일어나는 미스터리한 통곡의 벽

캄보디아 홍보영상 촬영 목적으로 함께한 서포터즈 일행과 이곳을 들렀을 때, 가이드를 하시던 이 실장님은 소리의 울림이 큰 사람은 불효자, 작은 사람은 효자라고 재밌게 설명해주셨다. 다 같이 가슴을 통통 치며 효자, 불효자 테스트를 하기도 했다. 여기서 신기한 점은 벽에 기대지 않고 가슴을 치면서 방의 중심에 가까이 다가갈수록 울림이 없어진다는 것이다. 이곳은 아직까지도 풀리지 않는 미스터리한 장소로 남아 있다.

스펑나무 밑에서 더위를 피하는 아이들

모든 구멍에 보석이 빼곡히 박혀
있다고 전해지는 보석방

통곡의 방처럼 뻥 뚫린 천장 사이로
빛이 스며드는 보석방

아참! 그리고 통곡의 방을 향하는 회랑 어딘가에서 놓치지 말아야 할 곳이 하나 남았다. 바로 타프롬에서만 볼 수 있는 특별한 '압사라'이다. 부조의 형체가 나무에 뒤덮여 압사라의 미소만 살며시 보이는데, 섬뜩하기도 하고 묘한 기분이 들게 만들어 한 번 보면 잊을 수 없을 정도로 잔상이 아른거린다.

이처럼 타프롬은 자연과 함께 호흡하며 살아 숨 쉬고 있는 현재진행형 사원이다. 관광객들은 짧으면 1시간, 길면 2시간 동안 사원을 둘러보면서 자연 앞에 인간이 얼마나 나약한지, 더불어 자연의 위대함이 무엇인지를 동시에 깨닫게 된다.

사원을 등지고 나오는 길에 내린 결론은,

'지금보다 자연을 아끼고 더 사랑하자.'

이것이 나를 매료시킨 타프롬 사원이 남긴 교훈이었다.

나무줄기 사이로 살며시 보이는 압사라의 입꼬리가 올라간 미소는 타프롬 사원에서 꼭 봐야 할 포인트이다.

넉넉한 여행일정으로 언제나 느긋느긋하게 사원을 둘러보는 서양인 배낭여행객들은 부러움의 대상이다.

여행을 끝마치고 일상으로 돌아오면, 타프롬 사원이 배경이 되었던 영화 〈툼레이더〉(2001)를 찾아보자. 할리우드 배우 안젤리나 졸리가 여전사 '라라 크로포트'로 등장하는데, 타프롬 사원의 신비스러운 모습과 함께 펼쳐지는 화려한 액션을 볼 수 있으므로 이곳을 다녀온 자만이 느낄 수 있는 특별한 재미가 될 것이다.

▲ 궁금해, 타프롬!

Q. 타프롬에는 미스터리한 방이 있다는데 어디인가요?
A. '통곡의 방'이 있는데 그곳에서 가슴을 두드리고 신기한 현상을 경험해 보세요.

Q. 타프롬에서만 볼 수 있는 특별한 압사라가 있다는데 어디인가요?
A. 통곡의 방으로 향하는 회랑에서 나무줄기 사이에 살며시 보이는 '압사라의 미소'를 찾아볼 수 있습니다.

Q. 타프롬과 함께 일정을 소화할 수 있는 유적지는 어디인가요?
A. 인근에 위치한 앙코르와트와 앙코르톰을 묶어서 일정을 짜시면 됩니다. 여유가 있다면 프놈바켕 일몰까지 보실 수도 있습니다. 실제로 패키지여행의 일정은 오전에 앙코르톰, 오후에 앙코르와트, 타프롬까지 하루에 소화하도록 되어 있습니다.

Q. 타프롬 사원이 등장한 영화나 드라마는 무엇이 있나요?
A. 안젤리나 졸리 주연의 영화 〈툼레이더〉(2001)가 있습니다.

'잘생긴 오빠, 3개 1달러~'
유적지에서 만나는 1달러 아이들

●●● 타프롬(Ta Phrom)을 짓누르고 있는 스펑나무의 위대한 자연의 힘에 흠뻑 젖은 채, 뚜벅뚜벅 걸어 사원을 벗어나고 있었다. 시야가 확 트인 길목 앞에서 서양인 커플이 여자아이와 사진을 찍고 있는 모습이 들어왔다. 활짝 웃는 아이들의 미소는 무더운 더위마저 날려버릴 듯했다.

"Sweet heart, thank you."

짧은 한마디와 함께 돌아서는 커플을 여자아이는 놓치지 않고 그들이 가는 길을 졸졸 따라가면서 말한다.

"One dollar."

하나만 사주어도 여러 명이 우르르 몰려와 사달라고 조른다.

　양쪽 팔에 차고 있는 알록달록한 팔찌를 보여주며, 또 한 번 미소를
지었다. 하지만 그들은 따라오는 아이의 머리만 쓰다듬을 뿐 가던 길
을 향해 가고, 이를 졸졸 따라오는 아이는 반복하며 외친다. 팽팽한 접
전의 시작이다. 결국 포기를 모르는 아이에게 커플은 짊어진 배낭가방
에서 무언가를 꺼낸다. "드디어 팔찌 하나 사주려나 보다"고 생각한 지
10초나 지났을까. 가방에서 자그마한 붉은 사과를 꺼내 아이에게 쥐어
주고, 가던 길을 떠난다. 아이는 멈춰 서서 받은 사과를 뚫어져라 쳐다
보고는 관심 없다는 듯 휙 던져버린다. 아이도 이 순간만큼은 기대하
였을 것이다. 팽팽한 접전이 끝난 순간, 어느새 나도 아이 근처까지 걸

음이 가까워졌다. 그렇다. 다음 타깃은 나다. 이 아이, 만만치 않음을 금세 느낄 수 있었다. 내가 한국인이라는 걸 어떻게 알았는지 갑자기 한국말을 내던진다.

"잘생긴 오빠, 하나 천 원."

이전에 스쳐 지나간 커플을 대신해 알록달록한 팔찌 하나를 구입해 줬다. 나마저 도와주지 않았다면, 아이는 분명 나에게 이렇게 말했을 것이다.

"못생긴 아저씨."

천 원을 꼬깃꼬깃 주머니에 넣고는 또 한 번 미소를 지으며 아이는

버스 밖에서 관광객들을 기다리는 1달러 아이들

왔던 길을 되돌아갔다. 저만큼 사원을 벗어났을 때, 한국인 패키지관광객들이 요란하게 등장했고, 이때를 기다린 것처럼 여러 명의 원 달러 꼬마상인들은 관광객 사이사이로 동행하기 시작했다. 나는 이런 동남아 아이들에게 이미 익숙하다. 필리핀 여행과 연수시절에는 더한 아이들도 많았다. 여러 명이 달려와 한 명이 시선을 끄는 사이 다른 한 명이 뒤에서 가방지퍼를 열고 있는 사악한 아이부터, 패스트푸드점 창가에서 햄버거를 먹고 있으면, 창밖에서 햄버거를 향해 창문을 툭툭 치며 먹고 싶다는 표정을 짓는 아이들, 갑작스런 스콜성 기후로 비가 쏟아졌을 때 택시를 타러 가는 한 발자국도 안 되는 거리를 우산을 씌워주며 원 달러를 외치는 고단수 아이까지, 정말 가지각색의 아이들을 만나보았다.

결론은 여러 방법을 떠나 정이 많은 우리나라 관광객들은 유난히 이런 아이들에게 약하다. 측은해 보이고, 못사는 나라의 아이들이 먹고살기 위해 물건을 파는 것에 마음이 약해져 하나둘씩 구입해주고 도와준다. 하지만 이것은 '반쪽 진실'이라는 걸 나는 잘 알고 있었다. 이들이 관광객을 대상으로 팔찌나 부채, 마그넷(냉장고자석) 등을 1개에 1달러, 3개에 1달러라도 꾸준히 판다면, 씨엠립 성인노동자 하루 임금만큼이나 벌 수 있다.

여기서 중요한 사실은 이렇게 물건을 파는 아이들은 대부분 생계형 수단이 아니라는 것이다. 굳이 이걸 팔지 않아도 집에서 밥을 먹으며, 교육을 받는 아이들이 대부분이다. 반면, 옷도 걸치지 않은 채, 쓰레기를 모으러 다니는 아이들의 상황은 정말 심각하다. 이들에게는 교육의 기회도 주어지지 않는다. 정말 하루하루를 위해 달리는 아이들이므로 돕고 싶다면 공식적인 봉사활동을 통해 돕도록 하자.

Chapter 3

주연만큼 빛나는 조연급 씨엠립 관광지

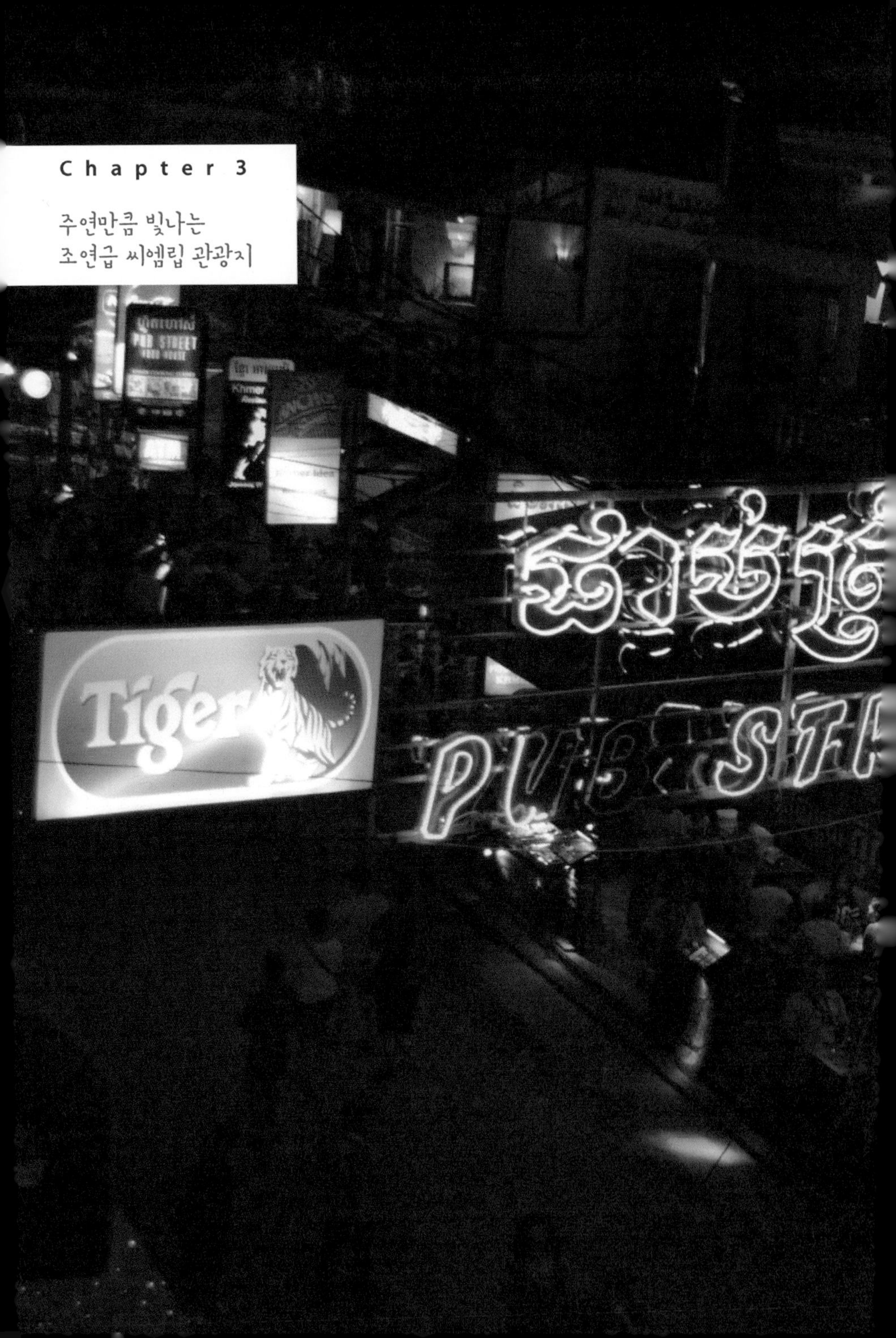

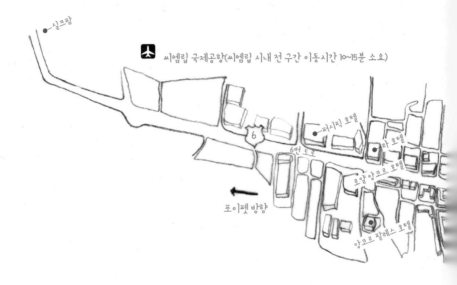

씨엠립 시내 및 호텔 위치

실크팜

✈ 씨엠립 국제공항(씨엠립 시내 전 구간 이동시간 10~15분 소요)

퍼시픽 호텔

6

6번 도로

라 호텔

로얄 앙코르 호텔

포이펫 방향

앙코르 팔레스 호텔

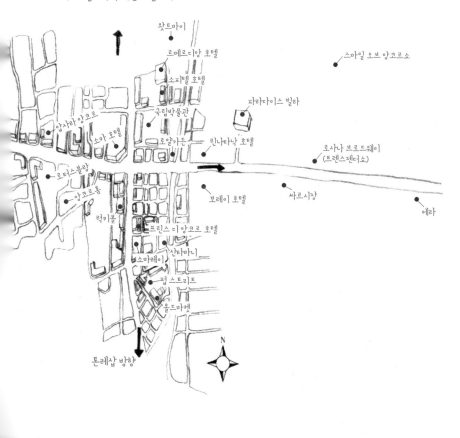

매표소 입구 방향
(앙코르와트, 앙코르톰 등)
소카 호텔 4거리 기준 15분 소요

왓트마이

르메르디앙 호텔

스마일 오브 앙코르쇼

소피텔 호텔

파라다이스 빌라

국립박물관

압사라 앙코르

소카 호텔

로얄가든

린나타낙 호텔

로사나 브로드웨이
(트렌스젠더쇼)

로터스블랑

보레이 호텔

싸르시장

에라

앙코르톰

럭키몰

프린스 디 앙코르 호텔

소마레이

산타마니

펍 스트리트

올드마켓

N

톤레삽 방향

'동양 최대의 캐러멜 마끼아또?'
톤레삽 호수(Tonle Sap Lake)

••• 여행상품을 운영하면서 경험한 이론적(?)인
톤레삽은 동양 최대의 담수호이자 캄보디아 어획량의 대부분을 차지
하는 호수, 그리고 수상가옥촌이 자리 잡고 있는 매력을 겸비한 곳이
었다. 톤레삽 호수를 두 눈으로 직접 바라보았을 때 느꼈던 첫인상은
바로,

'캐러멜 마끼아또……?'

단지 호수의 색깔이 황토색이라서일까? 마끼아또와는 달리 달콤함
이 없는 역한 냄새가 나기도 해 보트를 타기 전부터 괜한 기대를 떨어
뜨린 게 이곳의 생생한 첫인상이다. 하지만 첫인상은 그 순간일 뿐이
라고 하지 않았던가? 분명 드넓은 담수호에는 수많은 매력이 있을 거
라는 믿음을 가지고 톤레삽을 오감으로 느낄 각오를 다진 후에야 보트
에 오를 수 있었다.

동양 최대의 담수호 '톤레삽 호수'

캐러멜 마끼아또를 한 트럭 부은 듯한 호수색깔

"안녕하세요. 머리 조심하세요~"

제법 능숙하게 한국어를 구사하는 배몰이 꼬마가 나를 반겼다.

"두두두두......"

점차 보트의 모터에 시동이 걸리고, 내가 탄 배를 비롯해 크기가 제각기 다른 보트들이 여정을 준비한다. 배몰이를 하던 꼬마와 친구들은 어느새 나의 등 뒤로 다가와 능숙한 손으로 마사지를 시작한다. 나뿐만이 아니라 다른 보트의 여행객에게도 주어지는 일종의 의식과 같은 팁을 요구하는 행동들이었다. 아무렴 어때. 미래의 선장이 될 아이들을 응원하며 기분 좋게 팁을 주었다. 재밌는 사실은, 이런 아이들도 경제 관념이 있어서인지 1달러 대신 천 원을 주면 싫은 내색을 보이며 $+\alpha$를 요구한다는 것이다.

톤레삽 호수 선착장 입구

미래의 선장을 꿈꾸는 배몰이 아이들

톤레삽호! 출발~

이 외에도 모터소리와 함께 황톳빛 물살을 가르는 배에서 여유를 즐기다 보면 흥미로운 장면을 많이 볼 수 있다. 양동이 하나를 타고 호수를 휘젓는 아이들을 보며 컬처 쇼크(culture shock)에 빠졌고, 목에 뱀을 감은 소녀가 여행객들에게 다가와 사진 찍기를 요구하거나 각종 음료를 배에 실어 빠른 속도로 보트를 따라오는 상인들을 보며 신기해하기도 했다. 그리고 벌거벗은 채 고기를 잡을 준비를 하는 사람들과 수상가옥촌 속에서 보았던 현지 주민들의 다양한 삶의 모습까지, 어느새 찝찝했던 나의 첫인상은 무너져버렸다.

물건을 파는 톤레삽 수상촌 상인

짧지만 투어 속에서 접하게 되는 이 모든 것들이 유적지에서는 볼 수 없는 현지인의 삶을 함축적으로 나타내고 있었다.

여담이지만 사실 수상가옥촌의 30%가 베트남전쟁 시절에 내려온 보트피플로서, 국적이 없어 육지를 밟을 자격을 갖추고 있지 않다. 그래서 어쩔 수 없이 물 위에 집을 지어 수상촌을 형성해 살아가는 사람들이다. 그래서인지 이들을 보는 여행객들은 대부분 안타깝고 불행해 보이는 시선을 주고 있었다. 하지만 나의 생각은 조금 다르다. 이들은 이들 나름대로 수상촌에서 가축을 기르고, 아이들은 수상학교도 다니며 육지에서 생활하는 대부분을 누리며 살아간다. 이 밖에 좋은 방법은 아니지만, 항상 이들 주위를 맴도는 여행객들을 대상으로 이전에 언급한 각종 호객행위로 경제생활을 보충하기도 한다.

측은한 시선은 이제 그만. 이들만의 삶을 존중하고, 긍정적인 시선으로 바라보며 투어를 즐겼으면 하는 바람이다.

톤레삽 마을 학교 아이들

궁금해, 유적지부스 알짜 정보!

▶ 톤레삽 일몰
프놈바켕 일몰을 보지 못했다면, 오후에 톤레삽을 들러서 일몰
을 감상하자. 물 위에서 느끼는 일몰은 색다른 경험을 가져다
준다.

수상가옥촌과 맹그로브 숲을 찾아서
깜뽕블럭(Kompong Pluk)

●●● 앙코르와트의 도시 씨엠립에서 16km, 툭툭이로 약 1시간, 차량으로 40분 거리에 빈민 수상가옥촌이 자리 잡은 깜뽕블럭(Kompong pluk) 마을이 있다. 이곳은 톤레삽 호수 위에 떠 있는 수상가옥촌으로, 이전에 소개한 보트투어가 이루어지는 곳이 원작이라면 같은 맥락이지만 여기는 특별한 무언가가 더해진 번외편에 가깝다. 그 특별한 무언가를 관광객들은 크게 2가지로 요약한다.

첫째, 묘한 분위기를 자아내는 맹그로브 숲에서 타는 쪽배투어, 그리고 원작보다 밀집된 수상가옥촌에서 만날 수 있는 현지인의 생생한 삶의 현장이다. 드디어 소문으로만 듣던 그곳을 한번 찾아가기로 마음먹었다.

맹그로브 숲(깜뽕블럭의 매력 포인트로 쪽배투어가 이루어지는 곳)

깜뽕블럭으로 향하는 길(엄청난 먹구름이 불안감을 조성한다.)

때는 9월, 가끔씩 스콜성 기후로 비가 오는 우기철이다. 톤레삽 호
수의 물도 어느 정도 차올라 깜뽕블럭 투어를 하기에 최적의 날씨라고
한다. 하지만 내 눈앞에 보이는 하늘은 먹구름이 잔뜩 몰려 범상치 않
았다. 절반쯤 지나니 깜뽕블럭으로 가는 도로 양쪽으로 나무집들을 지
어 살고 있는 현지인들의 삶이 보인다.

드넓게 펼쳐진 들판 사이를 지나갈 때는 눈앞에 익숙하지 않은 광
경이 펼쳐졌다. 그것은 바로 다름 아닌 '소떼'였다.

여행을 하다가 한두 마리 혹은 들판에 무리지어 있는 것을 본 적은
많지만 차들도 다니는 흙길을 당당한 자태로 떼 지어 지나가는 건 처
음 겪는 이색적인 경험이었다. 어쩔 수 없이 소들이 비켜가기를 한참
을 기다렸다가 다시 출발했다.

들판에 무리지어 있는 들소

차들도 다니는 흙길에 난입한 소떼

보트를 움직일 준비를 하는 현지인 선장

눈앞이 보이지 않을 만큼 퍼붓는 비

어느덧 매표소에 도착해 티켓을 구매하고, 10분 정도 더 들어가니 보트들이 밀집된 곳이 눈앞에 보였다. 지나치게 많은 비가 내려 길이 침수되면 매표소 앞까지 보트들을 끌어와 투어를 한다고 한다.

이제 본격적인 깜뽕블럭 투어의 시작이다. 우리 보트의 현지인 선장은 남다른 패션 감각의 소유자였다. 보트에 시동이 걸리고 출발하는 순간, 비가 미친 듯이 몰아치기 시작했다. 불길한 징조다. 어쩔 수 없는 자연현상이니 그렇다 쳐도 탄 배마저 잦은 고장을 일으켰다. 가는 날이 장날이라던가. 옛말은 틀린 게 하나도 없음을 절실히 느끼는 순간이다. 모든 보트가 우리를 앞지르고 도착 예정시간을 훨씬 지나서 드디어 수면 위에 자리 잡은 수상가옥촌의 집들이 하나씩 모습을 드러냈다.

남다른 패션 감각의 선장

깜뽕블럭의 수상가옥촌(길쭉한 나무 장대가 집을 지탱하고 있다. 이는 우기에 높아지는 호수의 수위로부터 집을 보호하기 위해서이다.)

수상가옥촌의 벌거벗은 아이(갑작스러운 폭우 때문인지 배에서 물을 퍼내고 있다.)

　수상가옥촌의 집들은 6m가 거뜬히 넘는 나무 장대 여러 개를 받침으로 하여 만들어졌다. 이는 우기에 불어나는 물에 대비하기 위한 것이다. 우기철이 심해질수록 물이 차올라 어느새 장대가 보이지 않을 만큼 수면이 상승한다. 내 눈앞에 보이는 집들은 장대가 절반 정도는 이미 물에 가려진 상태였다.

　이처럼 깜뽕블럭은 흔히 우기에 진정한 빛을 보는 곳이라고 한다. 하지만 우기 직전이나 건기가 끝날 즈음에 들른다면, 길쭉한 나무 장대의 모습이 버젓이 드러나면서 우기에는 보기 힘든 꾸밈없는 수상가옥촌 현지인들의 삶과 마을의 완전체 모습을 구석구석 볼 수 있는 매력을 가지고 있다. 물론 배를 못 띄울 만큼 물이 부족하다면, 투어가 힘든 건 사실이다.

수상 레스토랑(식사는 물론 맹그로브 숲의 쪽배투어를 운영하는 곳이다.)

비바람이 매섭게 몰아치는 가운데 고장나 버린 배도 수리할 겸 수상 레스토랑에 도착했다. 이곳에서는 식사뿐만 아니라 깜뽕블럭의 또 다른 매력 중 하나인 우기에만 가능한 쪽배투어도 같이 진행하고 있다. 이런 수상 레스토랑이 맹그로브 숲 인근 몇 곳에 자리 잡고 있었다. 비가 와서 쪽배투어는 기대도 하지 않았지만 수상 레스토랑에 도착했을 때는 다행히 비가 거의 그친 상태였다. 불행 중 다행으로 배를 수리할 시간에 쪽배투어를 체험해 보기로 했다.

　뱃사공까지 4명 정도 탑승이 가능한 작은 쪽배로 맹그로브 숲을 한 바퀴 도는 투어이다. 흔들거리는 쪽배에 조심스레 균형을 잡아 앉자마자 또 비가 내린다. 아, 정말 와서는 안 되는 날이었나 보다. 어쨌거나 작은 우산 하나를 쓰고 눈물을 머금고 쪽배투어를 시작했다. 우리 쪽배의 선장은 10대 중반으로 보이는 어린 소녀였다. 얼마나 많은 관광객들을 이 배에 태웠을까? 좁은 맹그로브 숲을 노를 휘저어 요리조리 길을 만들어내는 솜씨가 보통이 아니었다. 날씨 탓인지 우리 배를 제외하고 다른 배들은 단 한 채도 보이지 않았다. 그래서인지 더욱더 음산하고 묘한 분위기가 온몸을 휘감았다.

때마침 비가 와 더욱더 음침한 분위기의 맹그로브 숲

깜뽕블럭의 소녀 뱃사공(노를 휘젓는 솜씨가 예사롭지 않다.)

깜뽕블럭 투어를 마치고 돌아가는 관광객들

　이런 예기치 않은 환경에서의 쪽배투어를 또 언제 경험할 수 있겠는가 생각하며 깜뽕블럭 투어를 마무리하기로 했다. 다음에 다시 오게 되는 날, 그때는 반드시 화창한 날씨에 또 다른 이색적인(?) 경험을 기대해본다.

　이처럼 깜뽕블럭은 이런저런 변수가 많아서 넉넉히 반나절투어를 잡아야 하는 곳이다. 날씨가 좋은 날 오후시간에 맞춰서 온다면 톤레삽 호수의 아름다운 일몰을 감상할 수 있는 행운을 기대해 볼 수 있지 않을까?

소녀와 함께라면 드넓은 톤레삽 호수의 끝까지라도 갈 수 있을 것만 같았다.

궁금해, 깜뽕블럭 TIP!

TIP 1. 비용 절감하기

여행사를 통하지 않고 자유여행을 할 경우, 깜뽕블럭을 방문할 예정
이라면 인원이 적으면 이동경비와 보트값이 만만치 않다. 비용을 절
감하려면 펍 스트리트 인근의 한인여행사나 게스트하우스, 혹은 사
전에 온라인 커뮤니티를 통해 미리 동료를 구해서 가는 것을 추천한
다(여행사 깜뽕블럭 옵션가: 40달러).

TIP 2. 일정 짜기

여유 있게 보려면 반나절 정도 걸리는 관광지이므로 깜뽕블럭 투어
가 예정인 날은 빡빡한 일정은 피하는 것이 좋다.

'볼거리와 젊음의 거리'
나이트투어

• • • 세계 어느 지역에서나 나이트투어는 여행의 신선한 매력 중 하나이다. 물론 나이트투어라고 하면 남자들은 유흥문화를 먼저 떠올리겠지만, 베트남의 하노이나 호찌민과 달리 캄보디아의 씨엠립은 아직 유흥문화가 완전히 정착되지 않았다고 본다. 물론 커져가고 있고 즐기는 사람도 많다. 사실 난 유흥에 별로 관심이 없다. '동남아만의 상쾌한 저녁공기', '북적대는 곳에서의 사람 냄새', '먹을거리' 이 세 가지 매력이 바로 늦은 저녁에 나의 발걸음을 옮기게 하는 이유이다.

펍 스트리트 입구. 유로피언거리로 불리며, 저녁시간에 대부분 관광객들이 이곳에서
식사와 맥주 한잔을 하며 여유로운 시간을 보낸다.

필리핀 여행 때도 그랬듯, 최대한 간편한 복장으로 호텔을 나섰다. 동남아만의 상쾌한 저녁 공기가 나를 미소 짓게 만들었다. 씨엠립의 나이트투어는 '올드마켓(Old market)', '나이트마켓(Night market)', '펍 스트리트(유로피언 거리)' 이렇게 세 곳으로 간추려지며, 세 곳의 동선이 짧아 도보로 이동이 가능한 장점이 있다. 이 외에 저녁에 즐길 만한 공연은 '스마일 오브 앙코르쇼(Smile of angkor)'와 최초의 게이 쇼인 '로사나 브로드웨이'가 있다.

'PUB STREET'라고 적힌 커다란 네온사인을 지나는 동시에 다른 세상이 눈앞에 펼쳐진다. 낮에 보았던 수많은 현지인들보다 관광지에 서 만난 유로피언들이 거리를 가득 메우고, 거리 양쪽에는 펍(Pub)과 음식점들이 들어서 있다. 그렇다. 여기가 씨엠립에서 관광객들이 밀집 하는 놀이터이자 동서양이 공존하는 최대의 번화가이다.

펍 스트리트의 입구에는 '레드피아노'라는 식당이 있으며. 펍 스트 리트의 랜드마크 역할을 한다. 영화 〈툼레이더〉 촬영 당시 안젤리나 졸리가 자주 방문하여 유명해졌으며, 이후로 주위에 펍과 식당들이 하 나씩 자리 잡기 시작했다고 한다.

스마일 오브 앙코르쇼

펍 스트리트 입장을 알리는 네온사인

펍 스트리트의 랜드마크 '레드피아노'

엄청난 인파들 사이에서 툭툭이 기사들이 고래고래 소리를 지르며 호객행위를 하고 있었다. 주위에 경찰들이 자리 잡고 있어서 이곳만큼은 치안이 안전해 보였다. 하지만 동남아의 늦은 밤거리는 어디서나 안전지대가 아니라는 점을 잊지 말자.

밤 9시가 지날 무렵, 분위기가 오를 만큼 오른 이곳에서 간단한 요깃거리를 즐기려 레드피아노 인근에 위치한 한 야외 식당으로 발길을 옮겼다. 하와이안 피자 한 판을 주문하고, 주위 사람들 구경하는 재미에 빠져 멍하니 이 순간을 즐기기 시작했다. 인종에 상관없이 관광객들끼리의 만남이 이루어지는 이곳은 새로운 인연을 만들어주는 여행의 쉼터이다. 나 또한 이런 기대심리를 은근히 가졌지만 인연이 없었다.

여행자들로 가득 찬 펍 스트리트의 야외 식당들

아쉬운 마음을 뒤로한 채, 1시간쯤 지나서야 펍 스트리트를 지나 나이트마켓으로 발걸음을 옮겼다. 평소에 시장이나 마트 가는 걸 좋아해서인지 여행을 갈 때마다 이런 골목골목 들어선 가게들이 너무 좋았다. 평소에 마그넷을 모으는 취미가 있어서인지 더욱 유심히 구경하게 되었다. 의류, 가방, 스노볼, 마그넷, 커피, 보석, 끄로마(스카프), 각종 기념품 등 수많은 볼거리가 가득한 가게들이 줄지어 있었다. 늦게까지 운영을 하니 여유 있게 구경을 하며 하루의 끝을 즐기도록 하자.

아기자기한 볼거리가 가득한 나이트마켓

마지막으로 이런 야시장에서 흥정마인드는 필수라고 말하고 싶다. 이미 홍콩의 몽콕시장에서 치열한 흥정대결을 경험해서인지, 순수한 캄보디아 상인들은 비교적 상대하기 편했다. 현지 시세를 모른다면 이것 하나만 기억하자. 상인이 부르는 가격에서 50% 깎고 흥정을 시작한다. 그럼 일반적인 상인의 반응은 크게 두 가지로 나뉜다. 순순히 수락을 하는 경우에는 가격이 적당하다고 판단되면 구입을 한다. 그러나 부정적인 반응을 보인다면 지금부터가 중요하다. 예를 들어, 상인이 10달러를 부르면, 5달러로 흥정을 한다. 여기서 상인이 8달러까지만 해달라고 한다면 순순히 수락하지 말고 6달러를 외쳐보자. 그럼 상인은 고민하는 척하더니 여기서 7달러까지 해달라고 하며 점차 서로 중간 합의점을 맞춰가게 될 것이다. 이런 방식으로 접근하면 손해 보는 구매는 피할 수 있다. 정 마음에 안 드는 반응을 보이면 쿨하게 다른 가게로 발걸음을 옮기자. 그러면 상인이 싸게 해준다고 뒤에서 잡거나, 잡지 않더라도 비슷한 가게는 널리고 널렸으므로 관광객 입장에서는 전혀 아쉬울 게 없다. 나는 몽콕시장에서 우산 3종 세트를 구입하기 위해 들렀던 가게에서 너무 부정적인 반응을 보여 쿨하게 뒤돌아섰다. 그렇게 시장을 세 바퀴 돌다가 첫 번째 상인이 아쉬웠는지 나를 잡았고, 결국 원하는 가격에 살 수 있었다.

야간 시티투어를 즐기는 관광객

물건을 사는 관광객들

어둠 속에서 작은 불빛들이 모여드는 야시장

궁금해, 나이트투어!

Q. 안젤리나 졸리가 방문해 유명해진 '레드피아노'의 위치는 어디인가요?
A. 펍 스트리트 네온사인이 걸린 입구에 자리 잡고 있습니다.

Q. 유명한 아이스크림 가게가 있다는데 어디인가요?
A. 디저트카페로 유명한 '블루펌킨'이라는 가게입니다. 올드마켓 인근에 있으며,
   이곳은 2층에 침대형 소파가 있어 편히 쉴 수 있는 공간으로 유명합니다.

TIP. 관광지 곳곳에도 자그마한 블루펌킨이 있어서 아이스크림을 맛볼 수 있습니다.

편안한 소파와 아이스크림이 유명한 '블루펌킨'

다양한 베이커리도 인기 만점!

'실크스카프 하나 선물하세요'
실크팜(Silk Farm)

●●● 해외여행을 떠날 때는 크게 두 가지 짐을 필
요로 한다. 첫째, 여행에 필요한 옷과 각종 필요한 물품들 그리고,

"야야~ 내 선물 잊지 마~"

지인들로부터 현지에서의 기념품을 의뢰받은 짐이 두 번째에 해당
된다. 어떤 이는 기분 좋게 이런저런 기념품을 구입해서 가까운 지인
들에게 나눠주지만, 또 다른 이에겐 그저 귀찮게만 느껴지는 진정한
짐에 해당된다. 군이 선물이 아니더라도 자신의 여행 기념품이 필요한
건 사실이니, 상황이 어떻든 여행에 있어서 없어서는 안 되는 중요한
필수조건이 되었다. 그럼 캄보디아에서는 어떤 기념품을 사야 할까?

핸드메이드 제작의 실크 100% 아티산 실크 스카프

냉장고자석

먼저 어느 나라를 가도 살 수 있는 마그넷, 아이스볼과 같은 필수 수집품! 그리고 캄보디아에서는 특별히 '실크제품'을 덤으로 추천해주고 싶다. 앙코르시대가 열리기 전부터 실크가 유명했다고 하니 믿음이 확오는 건 사실이다. 실크로 된 제품들은 잡화점을 비롯해, 나이트마켓, 올드마켓 등에서 저렴한 가격에 찾을 수 있지만 실크의 재질은 쉽게 만족감을 주지 못한다. 그래서 임도 보고 뽕도 딸 수 있는 매력적인 곳이 있다. 그곳은 바로 실크를 직접 만드는 현장인 '실크팜'이다.

실크농장인 이곳에 들르면 뽕나무 밭부터 누에에서 실을 뽑아내는 현장, 염색 작업장 등 실크가 만들어지는 전 과정을 한눈에 볼 수 있다. 요즘은 국내에서 좀처럼 보기 힘든 장면들이라 아이들의 학습효과로도 뛰어나다.

드넓은 실크팜을 지도를 참고해서 알차게 둘러보자.

실크팜 외부의 모습

실크가 만들어지는 전 과정을 둘러볼 수 있어 학습효과가 뛰어나다.

일하고 있는 현지인들은 단체관광객이 요란하게 둘러보아도 눈길 하나 주지 않고, 아무도 없는 것처럼 묵묵히 일을 하고 있다. '하루에도 얼마나 많은 사람들이 이곳을 둘러볼까?'라고 생각하니 그들의 마음을 조금은 이해할 수 있을 것 같았다. 현지인의 삶을 존중하며 작업에 누가 되지 않도록 조용히 관람하는 여행의 매너를 지키자.

묵묵히 일하는 실크팜 현지인

다국어로 설명된 실크팜과 아티산 예술학교 이야기

실크팜에서 일하는 현지인은 아티산앙코르의 직원이다.
아티산앙코르는 실크공예뿐만 아니라 석공예, 목공예, 미술공예까지
다양한 일자리를 창출하는 캄보디아에 없어서는 안 되는 성장회사이다.

실크가 만들어지는 과정을 눈으로 마스터했다면, 천연실크 100%를
자랑하는 아티산앙코르 실크 가게를 들러보자. 대충 훑어보아도 다른
오픈마켓에서 보는 것과 차원이 다른 실크제품들이 즐비하고 있다는
걸 알 수 있다. 의류를 비롯해 지갑 · 가방 · 쿠션 · 스카프 등등 가격이
다른 곳과 비교하면 비싼 편에 속하지만, 뛰어난 재질이 그만 한 이유
를 든든하게 뒷받침해 주는 듯했다.

실크팜에 위치한 아티산앙코르 가게

최근에 방문했을 당시, 부모님께 선물을 하려고 스카프를 찾다가 아주 익숙한 한국말이 나의 귓가에 다가왔다.

"이 컬러가 잘 어울릴 거예요. 한번 둘러보세요~"

다름 아닌 우리말을 아주 능수능란하게 하는 현지인 직원 한 명이 있었다. 한국이 좋아서 우리말을 배우기 시작했다는 이 직원은 이곳에 들르는 한국인 관광객들의 쇼핑을 도와주면서 보람을 느낀다고 한다. 예전에 방문했을 때 구입을 망설이다가 후회했는데, 최근에는 기분 좋게 구입을 하고 여행을 마무리했던 기억이 떠오른다.

여행 중 마땅히 만족할 만한 기념품을 찾지 못했다면, 실크제품을 한번 고려해 보도록 하자. 굳이 실크팜에 있는 가게가 아니더라도 주위에서 쉽게 찾을 수 있는 유용한 기념품 중 하나가 될 것이다.

온갖 질 좋은 실크 제품이 가득한
아티산앙코르 가게

궁금해, 실크팜!

Q. 실크팜 가게 영업시간은 어떻게 되나요?
A. 실크팜 가게는 늦게까지 영업을 하지 않으므로 주의해야 합니다 (4, 5시 이후로는 닫는다).

Q. 실크팜 이외에 실크제품을 구입할 수 있는 곳은 어디인가요?
A. 나이트마켓, 올드마켓, 잡화점에서도 쉽게 찾을 수 있습니다.

'작은 킬링필드'
왓트마이(Wat Thmei)

●●● "킬링필드? 아…… 그 무차별 학살을 다룬 영화?"

누구나 한 번쯤 들어 봤을 것이다. 사실 캄보디아 하면 제일 먼저 떠오르는 건 천 년의 신화 '앙코르와트', 그리고 다음이 바로 '킬링필드 (Killing Field)'이다. 킬링필드를 간단히 요약하자면 크메르 루즈 정권 때 '폴 포트(Pol Pot)'라는 집권자에 의해 지식인이라 판명되는 자국민을 무차별 학살한 사건을 말한다.

캄보디아의 수도 '프놈펜(Phnom Penh)'에 자리 잡은 킬링필드와 고문의 현장을 재현해 놓은 툼슬랭 박물관은 그 당시 참혹했던 모습들을 생생히 보여준다. 그래서 사실 킬링필드를 제대로 경험하기 위해선 프놈펜을 직접 방문하는 것을 권한다. 하지만 앙코르와트와 모든 유적지가 위치한 씨엠립이 여행의 포커스로 잡혀 있는 추세인 만큼 프놈펜을 방문할 기회가 없다면 씨엠립에서 작은 킬링필드라 불리는 '왓트마이'를 꼭 한번 방문해 보자.

왓트마이의 주요 관람포인트인 유골탑과 위령탑

당시 학살의 상황을 설명하는 사진들로 가득 찬 게시판

　왓트마이는 '새로운 사원'이라는 뜻으로 당시 무차별 학살을 당한 피해자의 유골을 모셔놓은 탑이 이곳에 자리 잡고 있다. 우리나라 관광객들이 이곳을 방문하는 표정은 뭔가 달라보였다. 유난히 전쟁의 아픔을 간직한 민족이라서 그럴까? 유골들이 쌓여 있는 탑을 바라보는 표정만으로도 무엇을 말하고자 하는지 알 것 같은 기분이 들었다. 탑의 벽면에는 사원에 기부를 한 사람들의 이름과 금액이 녹색으로 적혀 있다.

역사의 아픔을 고스란히 전달하는 유골탑

주위를 둘러보면 가까운 곳에 자그마한 사원이 있으니 이때만큼은 개개인의 종교를 떠나 무참하게 희생당한 이들을 위해 추모하는 시간을 갖는 것은 어떨까. 참고로 법당에서는 신발, 선글라스, 모자는 착용을 하지 않는 것이 예의이다.

사원의 입구와 내부

왓트마이 자체가 큰 규모의 사원이 아니라서 전체적으로 한 바퀴 둘러보는 데 많은 시간이 소요되지는 않는다. 그리고 사실 우리나라 사원과 달리 화려한 멋도 없고, 재미도 없다. 하지만 한때는 우리나라에 쌀을 보내줄 만큼 잘살았던 한 나라가 이렇게 무너지게 된 시대적 사건에 대해 관심을 가지는 것도 여행의 커다란 의미 중 하나가 되지 않을까?

기부상자

스님들이 머무르는 공간

궁금해, 작은 킬링필드 왓트마이!

Q. 앙코르와트와 킬링필드, 두 마리 토끼를 모두 잡는 방법

A. 자유여행객: 국내선 비행기로 1시간이면 씨엠립과 프놈펜의 이동이 가능합니다(편도: 100달러 정도).

단체여행: 여행사마다 씨엠립과 프놈펜을 한 번에 여행하는 상품도 있으니 꼼꼼히 살펴보세요.

'캄보디아 최대의 재래시장'
프싸르(Phsar Leu)

● ● ● 일상에서 시장이나 대형마트를 가는 건 항상 즐겁다. 딱히 무언가를 구입하기 위해 들르는 의무적인 행동이 아닌, 사람 냄새가 물씬 나는 왁자지껄한 시장분위기를 즐기는 것이다. 그래서 나의 여행일정에서 빠지지 않는 필수코스 중 하나가 바로 시장이다. 필리핀 여행 중 친구들과 고기를 사기 위해 들렀던 이름 모를 재래시장, 각각의 테마를 뚜렷하게 갖춘 이색적인 홍콩의 몽콕시장 등은 아직도 내 머릿속에 생생하게 자리 잡고 있다.

프싸르 입구

    우리는 대부분 시장에서 장사를 하는 상인들과 물건을 사려는 소비
자들을 아무렇지 않게 지나친다. 하지만 이들의 행동 하나하나를 주의
깊게 관찰하다 보면 현지인의 삶을 이해하는 식견이 생긴다. 그래서 나
는 여행에 있어서 시장을 한마디로 이렇게 표현한다.

    '여행에서 현지인의 삶을 가장 이해하기 쉬운 곳.'

    씨엠립의 '프싸르' 또한 마찬가지였다.

시장 외부와 달리 시장 건물 안에서는 다양한 물품들을 판매하고 있다.

관광객들이 몰려 활기가 넘치는
나이트마켓과 올드마켓과는 달리
현지인의 분위기가 물씬 풍기는 곳이다.

동남아의 매력덩어리! 먹음직스러운 열대과일들

과일가게에서 벌거벗고 굴러다니는
장난꾸러기

코코넛 열매를 파는 가게

육류는 냉장보관이 되어 있지 않아 악취가 나기도 한다.

　이곳은 씨엠립에서 가장 큰 재래시장으로 프놈펜 방향으로 가는 신
시가지 6번 국도에 자리 잡고 있다. 우리나라의 광장시장이나 자갈치
시장과는 달리 일정한 틀이 잡혀 있진 않지만, 동남아만의 각종 먹음직
스러운 화려한 과일을 비롯해서 채소류 · 어류 · 육류 · 의류 · 환전소 ·
미용원 등 의식주에 필요한 모든 것이 모여 있는 이곳은 진정한 '살아
있는 시장통'이다. 그래서인지 지나가는 현지인 손님들을 관찰하다 보
면 다양한 삶의 모습을 간접적으로 경험할 수 있다. 이런 장점과 반대
로 냉장보관이 되어 있지 않아 후각을 자극하는 알 수 없는 악취들, 진
흙과 돌이 많은 시장 거리, 그리고 오토바이 매연 등이 관광객들을 매
번 괴롭힌다는 단점도 있다.

하지만 이런 점도 즐기는 게 관광객으로서 현지인의 삶에 접근하는 올바른 예의가 아닐까? 굳이 비교하자면 인도에서 맨손으로 밥을 먹는 것처럼 말이다. 이제는 월드스타가 된 가수 싸이(psy)의 노래 '챔피언'에는 다음과 같은 가사가 포함되어 있다.

"진정 즐길 줄 아는 당신이 진정한 챔피언입니다."

노래 가사처럼 여행에서 경험하는 모든 일들을 즐길 줄 아는 사람이 진정한 여행의 챔피언이 될 수 있다고 말하고 싶다. 현지인의 삶이 꾸밈없이 묻어나는 프싸르를 오감으로 느끼고 즐긴다면, 매연이나 악취 등은 여행에 더 이상 문제가 되지 않을 것이다.

씨엠립에서 제일 큰 마트 '럭키몰'

궁금해, 프싸르 외의 마켓들 방문하기!!

1. 대형마트를 원한다면 '럭키몰(Lucky Mall)'
2. 기념품과 길거리 음식을 원한다면 '올드마켓'과 '나이트마켓'

현지인의 삶을 고스란히 느낄 수 있는 프싸르

여행의 처음과 끝을 함께하는
천상의 무희 '압사라(Apsara)'

●●● 우리나라에 '탈춤'이 있다면, 캄보디아에는 '압사라 민속쇼'가 있다.

'2005년 세계무형문화유산에 등재'

캄보디아 여행을 다녀오면 기억에 남는 머릿속의 한 장면이 바로 '압사라 민속쇼'이다. '압사라'는 천 년을 훌쩍 넘어 앙코르시대에 왕실에서 살아온 천상의 무희들을 말한다. 그 당시에는 압사라들의 결혼이 금지되었다고 하나, 지금의 압사라 전통춤을 보존하는 여성들은 그렇지 않다.

압사라는 인도의 라마야나와 같은 신화에 등장하는 춤추는 여신이기도 하다. 좀 더 자세히 설명하면 천지창조의 힌두교 신화버전인 '우유 바다 휘젓기' 이야기에서 각종 생명체와 함께 6억 명에 가까운 압사라 무희들이 태어났다고 전해진다.

호텔에서 공연하는 '압사라 민속쇼'의 한 장면

압사라 무녀. 화려한 압사라 무녀들의 장신구는 무려 20kg이 넘는다는 사실! 무거운 장신구들을
착용하고도 섬세한 손동작과 몸짓을 표현하는 모습이 경이롭기까지 하다.

압사라 민속쇼 디너뷔페 공연

처음 캄보디아를 방문했을 때 압사라 무희는 '압사라 민속쇼'라는 디너뷔페와 함께 진행되는 식당에서만 볼 수 있을 줄 알았다. 하지만 앙코르와트를 포함한 모든 유적지에 새겨진 압사라 무희들이 온화한 미소와 볼륨감 있는 자태, 그리고 유연한 손짓으로 나를 반기고 있었다. 이렇게 유적지 곳곳에 남겨진 무희들의 섬세한 몸짓들이 지금의 압사라 전통춤을 만들어냈다.

실제로 압사라 무희와의 첫 만남은 디너뷔페가 함께 제공되는 공연 식당에서였다. 화려한 장신구와 이리저리 손이 꺾이는 유연한 손짓, 그리고 한 발로 중심을 잡는 묘기에 가까운 동작들이 나의 눈을 홀렸다. 마치 낮에 보았던 앙코르와트에 새겨진 무희들이 살아나 춤을 추는 것 같았다. 이 춤을 출 때 무희들은 다른 생각은 일절 하지 않으며, 4,500가지의 다양한 손동작 하나하나에 신에 대한 사랑과 헌신을 담아낸다고 한다. 하나 더 놀라운 사실은 눈으로 보기에 화려한 장신구들의 무게가 무려 20kg이 넘는다는 것이다.

세계무형문화유산이자 캄보디아인의 자부심인 '압사라 전통춤'은 하루 이틀이 아닌 수년을 거친 많은 훈련을 통해 완성된다. 실제로 'NGO'를 비롯한 교육기관들이 있으며, 인재를 양성하는 교육자들은 자격증을 보유하고 있다고 한다.

앙코르와트에 새겨진 다양한 동작의 압사라

바이욘 사원에 새겨진 춤추는 압사라

그럼 실제로 압사라 전통춤을 보려면 어디로 가야 할까?

먼저 언급한 것처럼 디너뷔페를 먹으며 쇼를 볼 수 있는 식당이 있다. 압사라 민속쇼뿐만 아니라, 어부의 소박한 서민생활상을 담아낸 남녀이야기, 인도신화 '라마야나'에 나오는 원숭이 왕(하누만)의 권선징악이야기와 함께 세 가지 테마로 무대가 이루어져 있다. 조금 더 생동감 있는 무대를 원한다면 '스마일 오브 앙코르쇼'를 찾아가 보자. 이곳역시 디너뷔페를 먹을 수 있지만, 압사라 민속쇼를 진행하는 식당처럼 식사를 하면서 볼 수는 없다. 대신 한중일 3개국이 합작하여 만든 쇼인만큼 뮤지컬처럼 화려하며, 3개국의 자막을 통해 압사라 전통춤을 비롯하여 유적지의 부조에 새겨진 신화이야기도 함께 등장해 유적지에 대한 이해를 돕는다. 이 외에도 '전통민속촌'과 호텔에서 진행하는 공연 등 다양한 경로를 통해 접할 수 있다.

이처럼 압사라는 여행하는 동안 늘 곁에서 우리를 지켜보고 있다. 때로는 유적지에서, 때로는 민속춤으로 관광객들의 눈과 귀를 즐겁게 해준다.

궁금해, 압사라!

Q. 압사라를 볼 수 있는 방법은 어떤 것이 있나요?
A. 1. 유적지에 새겨진 압사라
   2. 스마일 오브 앙코르쇼
   3. 압사라 민속쇼 식당(톤레삽/아인시아 · 프놈쿨렌 등)
   4. 전통민속촌 공연
   5. 호텔 공연
   6. 유적지에서 압사라 옷을 입고 있는 사람들과 기념촬영

'캄보디아 최초의 트랜스젠더쇼'
로사나 브로드웨이(Rosana Broadway)

●●● 특별한 계획이 없어서 고민하고 있던 저녁시간에 반가운 소식을 접하게 되었다. 씨엠립에 최초로 트랜스젠더쇼가 오픈한다는 것! 여기도 트랜스젠더가 많았던 걸까? 인근 나라인 태국에서만 경험했던 것을 캄보디아에서도 오픈한다고 하니, 어쩌면 관광시장에 새로운 콘텐츠로 자리매김할 수 있지 않을까 하고 내심 기대도 해보았다. 당시 오픈을 앞두고 3~4일 정도 무료공연을 실시한다고 해서, 망설이지 않고 발걸음을 옮겼다.

쇼가 열리는 장소는 에라호텔(Era angkor hotel)로 가는 6번 국도에 위치하고 있으며, 주변 호텔들과의 접근성이 좋았다. 무료공연의 영향인지 신선한 쇼의 기대감인지, 꽤 많은 현지인과 교민들이 모여 있었다. 공연 이름은 '로사나 브로드웨이'로, 꽤나 흥미로운 이름이었다.

'로사나 브로드웨이'의 마스코트 간판. 남성 가면을 손에 들고 있는 여성의 모습이다.

낮의 외관모습

공연이 진행되는 저녁의 외관모습

1층 로비의 벽면에 걸린 쇼의 사진들

'로사나'는 스페인어로 'lozano(lozana)'라는 단어인데, 늠름하고 씩씩함을 뜻한다. 후덥지근한 밖의 공기와 달리 공연장 안에는 시원함을 넘어서 쌀쌀하기까지 했다. 공연장은 현재 하나의 압사라 전통 공연으로 자리매김한 '스마일 오브 앙코르쇼'와 비교했을 때, 드넓은 무대와 900명 가까이 들어갈 수 있는 관람석은 로사나만의 커다란 장점으로 보였다. 카메라 촬영에 대한 특별한 제재가 없어 보여, 조용히 미러리스 카메라를 준비해두고 쇼를 기다렸다.

드디어 시작한 로사나 쇼! 압사라 무녀들의 댄스로 시작되었다.

압사라 쇼로 시작하는 로사나

"엥…… 고작 이게 게이쇼?"

무대의 첫인상에 실망을 느끼는 순간이었다. 압사라 민속쇼 공연장의 분위기와 비슷해 아직까진 딱히 트랜스젠더쇼라고 느끼지 못했다. 하지만 이것도 잠시, 압사라 민속쇼가 끝나자 조금씩 미묘한 얼굴을 갖춘 남성과 여성들이 등장했다. 이때부터 관중석에서 함성과 반응이 공존하며 이곳저곳에서 가지각색의 카메라가 셔터를 발동하기 시작했다. 공연장 출구 쪽에 자리 잡은 직원들이 조금씩 제재를 가하는 모습을 보였지만 엄격해 보이진 않았다. 시간이 흐르자 관객들 또한 순한 양처럼 카메라를 감추고 공연에 집중했다.

'누가 남자고 누가 여자일까?'라는 호기심을 가지고 공연을 즐기면서 뚜렷하게 배우들이 "예쁘다"라는 생각은 들지 않았다. 하지만 관중들은 테마에 따라 화려하게 변하는 무대를 즐기고 있는 듯했다. 우리나라의 '아리랑' 음악과 함께 부채춤을 추는 장면, 일본과 중국의 전통 공연도 이어졌다. 각국의 공연이 펼쳐질 때마다 관광객들은 즐겁게 반응했다. 직접 배우들이 무대를 내려와 관광객에게 뽀뽀를 하고 손을 잡는 등 흥미로운 장면들도 있었지만 러닝타임이 꽤 길어지자 조금씩 지겨워지기 시작했다. 공연에 집중력이 떨어지고, 도중에 나가는 관중들도 꽤나 보였다.

아직 정식으로 오픈을 안 해서인지 이런저런 단점들과 어설픈 모습들도 많았지만, 처음 시도하는 쇼라는 점을 감안한다면, 발전 가능성이 보이는 쇼임에 분명했다. 물론 태국의 알카쟈쇼를 비롯한 다른 게이쇼나 트랜스젠더쇼와 비교하기엔 부족한 건 사실이었다.

2시간가량 이어진 쇼가 막을 내리고, 배우들이 로비에 나와 관중과

화려한 무대와 춤사위로 관객들의 호응을 불러일으킨다.

주연에 가까운 로사나쇼의 배우. 무대의 배우들이 예쁠까 하는 기대심리는 접어두자.

포토타임을 가진다. 가만히 서 있던 나에게 정체불명(?)의 배우가 다가와 사진을 찍자고 한다. 무대에서 보는 것과 달리, 모두 키가 정말 크고 길쭉길쭉한 모습에 놀라 주눅이 들어서인지 어설픈 모습으로 사진을 한 장 찍었다. 태국도 그러하듯, 역시나 포토타임은 팁을 요구했다. 이 팁은 배우들의 수술비용에 쓰일 확률이 높다고 한다. 너무나도 자연스러운 외국관광지의 팁 문화와 달리, 한국 관광객들은 아직도 어색한가 보다. 기분 좋게 사진을 찍고 팁을 요구하자 조금 꺼리는 모습도 몇몇 보였다.

다녀간 이후 로사나 브로드웨이는 정식오픈을 하였다. 역시나 러닝타임이 길었다는 걸 눈치 챘는지, 1시간 10분 정도로 단축시켰으며, 텅텅 비어 있던 2층 공연장 입구에서 간단한 음료수 등의 서비스를 제공한다고 한다. 또한 트렌드에 맞는 노래를 선택해 쇼의 재미를 더한다고 하니 유적지 관광이 불가능한 저녁시간을 이용해 구경하는 것도 좋은 방법이다.

궁금해, 로사나 브로드웨이!

Q. 연령대 제한이 있을까요?
A. 전 연령대가 공연을 즐길 수 있습니다.

Q. 공연 시작시간은 언제인가요?
A. 저녁 7시와 밤 9시, 두 타임이 있습니다.

웹사이트: www.rosanabroadway.com

그 외 가볼 만한
추천 관광지

캄보디아 서커스(Phare-The Cambodian Circus)

제각각 다른 테마의 5가지 공연이 펼쳐지는 씨엠립 유일의 서커스쇼! 한 번에 진행되는 공연이 아닌, 스케줄에 따라 하루에 1가지만 진행된다. 모두 흥미로운 내용의 공연이지만 이 중에 특별히 기억에 남았던 이클립스(Eclipse) 공연을 소개하자면, 꼽추인 주인공이 그의 다름 때문에 무리로부터 차별을 받다가 마을 사람들과 하나가 되는 과정을 그린 현대 우화이다. 우리가 흔히 생각하는 묘기 서커스에 드라마 형식의 스토리를 결합하여 독특한 재미를 선사한다. 공연이 끝나면 천장에서 모금함이 내려오면서 기부를 권장하는 멘트로 마무리하는데, 수익금은 서커스 기술, 무대공연과 음악, 비주얼 아트 등을 가르치는 일을 하는 PPS 비영리 단체에 기부된다. 씨엠립 서커스는 단순한 공연이 아닌 사회공헌활동이라는 좋은 의미가 담겨 있어 여행객에게 더욱 뜻깊은 여행을 선사하고 있다.

주소: Lot A, Komay Road | Behind Angkor National Museum in front of Angkor
      Century Hotel, Krong Siem Reap
이용시간: 19:30 시작
이용요금: 어른-18$, 소아(5~11세)-10$
연락처: 855-15-499-480
홈페이지: www.pharecambodiancircus.org/circus

버팔로 파크(Buffalo Park)

　캄보디아 전통문화 체험공간이다. 공항 방면의 6번 국도를 따라 쭉 가다 보면 서바라이(West Baray) 호수 입구에서 버팔로 파크를 만날 수 있다. 이곳의 핵심 포인트는 전통 기법으로 만들어진 물소 달구지를 타고 농사짓는 풍경과 전통장터를 한 바퀴 둘러보며 관광하는 것인데, 마치 정겨운 시골에 온 듯한 느낌을 받을 수 있다. 파크 내에 조성되어 있는 현지 전통 가옥을 직접 눈으로 확인할 수 있어 현지인의 생활상을 느낄 수 있다. 예쁘게 꾸며진 방갈로에서 신선한 망고를 맛보는 것 또한 빼놓을 수 없다.

위치: 서바라이 호수 입구
이용시간: 07:00~18:00
이용요금: 성인-30$, 7세 미만 무료
연락처: 855-97-710-1212

집라인 투어(Zipline Tour-Flight of the Gibbon)

앙코르와트 인근에서 체험하는 짜릿한 집라인 투어! 집라인(Flight of the Gibbon)의 정칙 명칭에서 알 수 있듯이 긴팔원숭이(Gibbon)가 정글을 날아다니는 것과 같은 체험을 할 수 있다 하여 붙여진 이름이다. 투어 가격이 부담스러울 수도 있지만 픽업서비스와 점심, 유적지 입장료가 포함된 가격이다. 유적지 입장료는 데이패스권(DAY PASS TICKET)으로 개인의 일정에 따라 달라지기 때문에 이를 제외하고 구매하는 것도 좋은 방법이다. 투어는 2시간 정도 진행되는데, 식사와 픽업까지 포함하면 넉넉잡고 반나절은 소요된다. 씨엠립에서 즐기는 최고의 액티비티가 아닐까 한다. 무언가 새로운 일정을 찾고 있다면 신비스러운 앙코르 유적지의 정글 속에서 특별한 여행을 만들어 보자.

주소: 앙코르 유적지 내(소카 호텔 사거리 기준으로 북쪽 매표소 유적지 방면)

이용시간: 06:00~마지막 그룹 투어까지

이용요금: 성인-109$, 소아-25%(할인적용 16세 미만)

연락처: 855-53-010-660

홈페이지: www.treetopasia.com/cambodia-holiday/angkor

킹스로드(King's Road)

쇼핑센터와 레스토랑들이 즐비한 복합타운으로 씨엠립의 떠오르는 핫플레이스 지역이다. 세계적인 체인인 '하드락 카페(Hard Rock Cafe)'와 '코스타 커피(Costa Coffee)'를 비롯해 씨엠립 여행객에게는 이미 친숙한 아이스크림 체인점인 '블루펌킨(Bule Pumpkin)' 등 먹거리와 볼거리가 다양해 현지인과 여행객의 발길이 끊이질 않는다.

주소: 7 Makara Road, Achar Sva Street, Street 27, (across the Old Market bridge,
　　　on the left along the river) Siem Reap, Kingdom of Cambodia
이용시간: 09:30~23:30
연락처: 855-93-811-800
홈페이지: kingsroadangkor.com

Chapter 4

'뜻깊은 여행의 안식처',
힐링 타임

'초특급 호텔 중 모던함의 끝을 보여주다!'
르메르디앙(Le Meridien)

●●● 씨엠립에 재방문해서 다시 이용하고 싶은 호텔을 고르라고 한다면 주저 없이 르메르디앙을 택할 것이다. 과연 어떤 매력이 있기에 이토록 관광객들의 재방문을 유도하는 것일까?

W·웨스틴·쉐라톤 등과 함께 스타우드(STARWOOD) 계열의 호텔 중 하나인 르메르디앙은 이미 푸켓·코사무이·발리 등과 함께 세계 곳곳에 자리 잡고 있는 체인호텔이다. 체인호텔의 명색에 걸맞게 다른 호텔에서 느낄 수 없는 디테일한 서비스와 호텔 내외부에서 물씬 묻어나는 모던함이 커다란 장점이다.

먼저, 6번 국도에서 바라본 전체적인 호텔의 외관은 높이가 높게 솟아 있지 않고 좌우로 길게 뻗어 있다. 이런 외관의 모습은 멀리서 봤을 때 안정감과 편안함을 준다.

옐로 톤의 조명으로 편안한 분위기를 조성하는 르메르디앙의 로비 전경

로비에 들어서면 누구나 느끼는 첫인상은 '깔끔함'이 아닐까 한다. 대부분의 씨엠립 호텔의 로비들이 원목재질로 다소 어두운 분위기를 나타내고 있는 반면에, 르메르디앙은 전체적인 벽면이 화이트 톤을 이루고 있으며, 은은한 옐로 톤 조명이 내부 분위기를 밝게 만들어준다.

그렇다고 해서 원목으로 이루어진 호텔들이 컨디션이 떨어진다거나 부정적인 측면을 나타내는 건 아니다. 오히려 연세가 많으신 관광객들은 원목재질의 호텔을 더 선호하기도 하고, 또한 뛰어난 원목이 고급스러움을 자아내기도 한다.

르메르디앙의 후문. 넓은 잔디와 함께 야자수마당(?)이 펼쳐진다.

로비에서 후문을 열고 나가면 정문의 모습과는 달리 드넓은 잔디와 함께 야자수마당(?)이 펼쳐진다. 여유 있게 산책이 가능한 이곳은 답답한 속을 뻥 뚫어주는 명당이라고 말하고 싶다. 일렬로 쭉 늘어선 나무들 사이로 부는 바람과 함께 한 걸음씩 거닐다 보면 유적지에서 쌓였던 피로가 사라지면서 어느새 마음이 정화되는 느낌이 든다.

후문을 열고 나오면 펼쳐지는 확 트인 정원

이 길을 통해 풀장과 헬스장으로 도보이동이 가능하다. 풀장에서는
2층 객실 로비로 이어지는 계단이 있기 때문에 2층에 투숙 중이라면
굳이 로비로 내려와 후문으로 나가는 고생은 하지 말도록 하자. 매년
크리스마스와 연말시즌에 대부분의 씨엠립 호텔들은 '갈라디너(호텔
만찬)'가 진행되는데 르메르디앙은 이 '야자수마당(?)'에서 행사를 진
행한다.

르메르디앙만의 독특한 풀장

객실로 향하는 깔끔한 복도

호텔 투숙을 하던 날, 우기철이라 그런지 스콜성 비가 하루에도 몇 번씩 왔다 갔다. 동시에 내 마음도 들쑥날쑥 했다. 축축한 신발과 몸을 이끌고 객실로 향할 때, 문득 체인호텔의 섬세함을 발견할 수 있었다. 습기와 더불어 많은 손님이 물기가 빠지지 않은 채 복도를 지나쳤음에도 불구하고, 복도에 깔린 카펫에서는 퀴퀴한 냄새가 전혀 나지 않았다. 대부분의 씨엠립 호텔을 둘러본 결과, 이런 사소한 부분까지 신경 쓰는 호텔은 극소수이다. 이런 서비스 하나하나가 재방문을 유도하는 열쇠가 아닐까.

객실은 총 223개로 이루어져 있으며 모두 군더더기 없이 깔끔하다. 룸의 크기나 디자인도 중요하지만, 주관적으로 룸은 편안함이 최우선이라고 생각한다. 유난히 두꺼운 침대가 푹신함과 동시에 편안함을 상징하는 듯했다. 빅 사이즈의 벽걸이 TV와 DVD도 배치되어 있어 남달리 TV에 관심이 많은 우리나라 관광객들에게 충분한 만족감을 가져다주는 듯했다.

특별히 객실에서 보이는 뷰(전망)가 뛰어나거나 룸 사이즈가 크지는 않지만, 유적지와 가깝고, 체인호텔답게 작은 것까지 하나하나 신경 쓴 흔적이 돋보이는 5성급 호텔이다. 대규모의 가족보다는 연인이나 친구끼리 투숙하기 좋으며, 지친 유적지 여행 중에 편안한 휴식이 필요하다면 주저 말고 선택하길 바란다.

르메르디앙의 객실 침대. 깔끔한 디자인과 편안함을 강조한다.

캄보디아 전통 크메르인 형상의 조각

깔끔한 욕실

기분 좋은 식사가 가능한 르메르디앙 뷔페

궁금해, 르메르디앙!

Q. 르메르디앙의 장점은 무엇인가요?
A. 유적지와 가까운 위치, 깔끔하고 모던한 인테리어, 체인호텔만의 섬세
한 서비스를 들 수 있습니다.

Q. 르메르디앙의 단점은 무엇인가요?
A. 풀장의 크기가 작고, 객실의 뷰가 아름답지 못하다는 점입니다.

웹사이트: www.angkor.lemeridien.com
예약안내: 063-963-900

'최상의 서비스'
소피텔(Sofitel)

●●● 씨엠립 초특급 호텔의 양대 산맥은 누가 뭐라 해도 소피텔과 르메르디앙이다. 아이러니하게 우리나라 항공사의 양대 산맥인 대한항공과 아시아나항공은 두 개의 호텔과 연관이 있다. 대한항공 승무원은 비행이 끝나면 소피텔에서 투숙을 하고, 아시아나 승무원은 르메르디앙에 투숙한다는 점이다.

소피텔은 우리나라 여러 관광지에 자리 잡고 있는 친숙한 호텔인 노보텔(novotel)과 같은 어코르(accor) 계열에 속하는 체인호텔이다. 프랑스 호텔 체인으로는 으뜸으로 평가받는 소피텔은 뉴욕을 비롯해 런던·시드니·마닐라·방콕 등 전 세계에 셀 수 없이 포진해 있다. 르메르디앙이 '모던함'의 끝을 보여준다면, 소피텔은 '최상의 서비스'를 장점으로 내세운다.

소피텔 로비

캄보디아 전통악기를 연주하는 호텔직원
소피텔 외에도 5성급 호텔들의 로비에서 가끔 볼 수 있는 모습이다.

호텔 로비에 들어서면 캄보디아 전통악기를 연주하는 악사의 부드러운 멜로디가 관광객들을 맞이해준다. 여기까지는 크게 체인호텔의 품격 있는 메리트가 느껴지지 않지만, 객실로 향하는 로비 후문을 열고 나서는 순간, 눈앞에 멋진 관경이 펼쳐진다. 마치 호수공원을 거닐 듯, 호수 위에 놓여 있는 다리가 객실로 향하는 길목 역할을 하고 자연과 잘 어우러진 건물들 사이로 진한 풀 향기를 맡을 수 있다.

객실까지 짐을 운반해주는 호텔리어는 지나치는 곳곳마다 호텔의 부대시설을 설명해주며 동행한다. 주위의 멋진 경관과 어우러진 호텔리어의 섬세한 설명을 듣다 보면, 객실에 도착하기도 전에 소피텔의 매력에 푹 빠져버린다. 이것은 물질적인 소비가 없으면서 감성으로 고객을 사로잡는 뛰어난 서비스임에 분명하다.

객실은 르메르디앙과 마찬가지로 한국인에게 적합한(?) 커다란 LCD TV가 놓여져 있고(캄보디아 호텔은 아직까지 작은 사이즈의 볼록한 TV가 배치된 곳이 대부분이다), 초특급 호텔답게 어느 누구도 사용한 흔적이 없는 것처럼 말끔히 정돈된 객실 상태는 깜짝 놀랄 정도이다. 특히 샤워실은 객실 안과의 경계가 전혀 느껴지지 않을 만큼 깨끗한 인테리어와 밝은 조명으로 신경을 쓴 흔적이 곳곳에 남아 있다.

객실로 향하는 외부 다리, 호수를 끼고 있어 자연친화적인 느낌이 강하다.

소피텔 객실의 침대

웰컴 레터와 과일

붉은색 쿠션으로 포인트를 준 객실의자

욕실 모습. 갖출 건 다 갖추면서 널찍해 깔끔해 완벽한 욕실을 자랑한다.

유적지투어로 쌓였던 피로를 풀고 개운하게 아침을 맞이하면, 조식을 즐기러 'THE CITADEL'로 향해 보자. 프랑스 체인호텔답게 맛있는 바게트가 허기진 배를 달래준다. 하지만 바게트 외에는 음식의 종류가 다른 호텔에 비해 부족해 보이는 건 사실이다.

한국 관광객의 입맛을 고려한다면 조식은 르메르디앙의 압승이라고 말하고 싶다. 어쨌거나 바게트와 함께한 나의 식사는 만족스러웠다. 기분 좋게 식사를 마치고 자리에서 일어났을 때 문 앞에서 호텔리어가 말을 건네었다.

"어디서 오셨습니까?"
"오늘은 어디를 여행하십니까?"
"식사는 맛있게 하셨습니까?"

결코 형식적이지 않은 자연스러운 식후 인사에 기분 좋은 포만감이 두 배로 다가오는 순간이었다. 이런 세심한 서비스들은 씨엠립 어느 호텔에서도 찾아볼 수 없는 최고의 장점임에 분명하다. 자연과 함께 살아 숨 쉬는 최고의 서비스를 원한다면 이번 여행은 소피텔과 함께하도록 하자.

프랑스 호텔 체인답게 베이커리의 맛이 뛰어나다.

세심한 서비스를 제공하는 CITADEL의 호텔리어

뛰어난 시설을 자랑하는 소피텔 풀장

은은한 조명과 깔끔한 디자인의 조화가 소피텔의 고급스러움을 더해준다.

궁금해, 소피텔!

Q. 소피텔의 장점은 무엇인가요?
A. 유적지와 가까운 위치, 골프장 구비, 최상의 서비스, 자연과 조화를 이루는 자연친화적 럭셔리 호텔입니다.

Q. 소피텔의 단점은 무엇인가요?
A. 비교적 비싼 투숙요금, 바게트 이외에 조식의 종류가 다양하지 않다는 점입니다.

웹사이트: www.sofitel.com/gb/hotel-3123-sofitel-angkor-phokee thra-golf-and-spa-resort/index.shtml
예약안내: 063-964-600

'자연 속 최고의 빌라'
소카라이(Sokha Lay)

　● ● ● 촬영 출장이 결정되고, 빙글빙글 머리를 굴려가며 일정을 기획하기 시작했다. 색다른 풍경을 담으려는 욕심에 여러 가지 콘셉트를 잡느라 힘들었지만, 호텔만큼은 조금의 망설임 없이 '소카라이(Sokha lay angkor resort & spa)' 호텔을 택했다. 그 이유는 바로 호텔 본관과 함께 빌라를 동시에 갖춘 장점에 매력을 느꼈기 때문이다. 호텔 본관보다는 빌라를 중점으로 밀고 있는 이곳은 2011년 하반기에 완공된, 2년이 채 되지 않은 최신식 5성급 호텔이다.

　위치는 대부분 호텔들이 즐비한 6번 국도의 '전통민속촌'의 건너편이자, 앙코르 미라클 호텔(angkor miracle hotel)의 바로 옆 건물이다. 소카라이에 도착해 외관을 바라보았을 때 호텔 본관만 보이고, 빌라는 주위를 아무리 둘러보아도 보이지 않았다.

소카라이 빌라의 야외 풀장

다양한 국기가 걸려 있는 위엄 있는 소카라이 호텔의 외관

"어라? 빌라는 어디 있어요?"

촬영을 돕기 위해 치열한 경쟁력을 뚫고 합격한 서포터즈 일행들은
의문을 갖기 시작했다. 우리는 아름다운 빌라 촬영을 목적으로 소카라
이를 택하였고 투숙하는 객실도 전부 빌라로 예약해둔 상태였기 때문
이다. 호텔 체크인을 마치고 호텔직원이 우리를 아래층으로 안내하기
시작했다.

"아하! 빌라로 가는 방법은 따로 있었구나."

빌라동 도로. 카트가 지나다니는 빌라동 도로는
산책하기에도 안성맞춤이다.

호텔 로비에서 빌라동으로
이동하는 교통수단인 카트

소카라이 빌라의 외관

의문점의 열쇠는 바로 카트(cart)였다. 4명 정도 탑승이 가능한 미니 카트를 타고 빌라로 넘어가는 시스템으로 이루어져 있었다. 달리는 카트에서 느끼는 시원한 자연바람이 찌는 듯한 무더위를 한순간에 날려주었다.

5분이나 지났을까? 어느새 숲속에 자리 잡은 안락한 마을을 연상시키는 빌라에 도착했다. 총 40채의 우든빌라(wooden villa)로 하늘에서 빌라동의 전경을 보면, 앙코르와트의 구조와 비슷하다고 한다. 중앙에 야외 풀장을 중심으로 빌라가 사각형으로 둘러싸여 있는 형태로 이루어져 있기 때문이다. 특히 중앙의 야외 풀장을 둘러싼 풀빌라들은 내부 1층 후문에서 바로 풀장으로 이어지는 구조로 특별한 메리트를 가지고 있다.

자연과 함께 숨 쉬고 있는 소카라이 빌라

2층 빌라 객실 내부 모습

수영장 주위를 둘러싼 빌라 2층의 풀뷰

빌라의 또 다른 매력은 야외에서 즐기는 조식뷔페이다. 야외 레스토랑은 중앙 풀장 옆에 위치하여, 숲속에서 식사를 하는 듯한 상쾌한 기분을 느낄 수 있다. 식사 후 직원에게 카트를 요청하면 레스토랑 바로 앞에 도착하므로, 편리하게 이용할 수 있는 장점도 갖추고 있다.

소카라이 빌라의 야외 식당

캄보디아 지역명을 빌라 이름으로 콘셉트를 잡았다.

한적한 숲속의 마을을 거닐다 보면, 각 채에 'siem reap', 'pnom penh' 과 같은 이름의 팻말이 붙어 있는 것을 발견할 수 있다. 이것은 캄보디 아의 지역이름을 의미한다. 빌라가 전부 똑같이 생겨 헷갈릴 수도 있 으니, 지역이름을 통해 투숙하는 빌라를 꼭 기억하도록 하자. 이곳에서 우리는 호텔 내부의 갑갑한 객실에서 벗어나 야외 풀장에서 노래도 부 르고, 산책도 하며, 자연과 함께한 여유로운 촬영을 마칠 수 있었다.

2012년 캄보디아 최고의 휴양 호텔로 선정된 만큼 무엇보다 소카라 이는 힐링(Healing)을 강조하는 호텔이다. 앙코르와트를 중심으로 다 양한 유적지와 관광지를 돌아다니느라 지친 몸과 마음을 시원하게 달 래주는 역할을 톡톡히 해낸다. 휴양과 관광을 겸비한 완벽한 씨엠립 여행을 원한다면, 충분히 권하고 싶은 안식처이다.

모두투어 서포터즈와 함께한 풀장 촬영

늦은 시간의 야외 풀장 전경

궁금해, 소카라이!

Q. 소카라이의 장점은 무엇인가요?
A. 숲속에 온 듯한 빌라마을에서 휴양을 즐길 수 있으며, 대부분의 호텔이 즐비한 6번 국도에 위치하고 있고, 호텔 본관의 실내 풀장과 빌라동의 야외 풀장을 모두 갖추었다(씨엠립에서 2개의 수영장을 갖춘 유일한 호텔)는 점, 그리고 자연과 함께하는 야외 조식뷔페를 장점으로 들 수 있습니다.

Q. 소카라이의 단점은 무엇인가요?
A. 빌라동에서 호텔 본관까지 걸어가기엔 다소 거리가 멀다는 단점이 있지만, 필요하면 프런트에 연락해서 카트를 이용할 수 있습니다.

웹사이트: www.sokhalayangkor.com
예약안내: 063-968-222

씨엠립
추천 호텔 소개

압사라 앙코르 호텔(Apsara Angkor Hotel)

급수: ★★★★☆

특징: 공항, 유적지 모두 호텔에서 15분도 걸리지 않는 가까운 거리에 위치해 있다. 캄보디아 스타일에 알맞게 대부분 원목구조로 되어 있다. 씨엠립에는 몇 없는 싱글베드가 3개 들어가는 트리플룸이 있다. 화려하진 않지만 가격이 저렴하고, 세밀하게 신경 쓴 흔적이 돋보여 유로피언 관광객도 많이 찾는 호텔이다.

주소: National Road No.6, Kruos Village, Svay Dangkum Commune, Siem Reap, Kingdom of Cambodia

위치: 6번 국도

연락처: 855-63-964-999

홈페이지: www.apsaraangkor.com

소카 호텔(Sokha Hotel)

급수: ★★★★★

특징: 캄보디아 최고의 체인 호텔이다. 씨엠립 외에 수도인 프놈펜, 해변도시인 시하누크빌에도 자리 잡고 있으며, 소피텔, 르메르디앙에 이어 초특급 호텔 중 하나이다. 전 노무현, 이명박 대통령이 캄보디아 방문 시 투숙했던 호텔로도 유명하다(프놈펜 소카 호텔 공사 중).

주소: National Road No 6 & Sivatha Street Junction, Phoum Taphul, Svay Dangkoum, Siem Reap. Kingdom of Cambodia

위치: 스타마트 맞은편, 6번 국도와 시바타 국도가 만나는 교차로 좌측에 위치, 올드 마켓까지 도보 20분

연락처: 855-63-969-999

홈페이지: www.sokhahotels.com

신타마니 호텔(Shinta mani Hotel)

급수: ★★★★☆

특징: 세계에서 가장 아름다운 수영장 BEST 5로 기사에 오른 호텔로 소문인지 진실
인지 한번 확인해 보는 재미가 있다. 수영장만 별도 하루 이용료가 10~15달러
이며, 고급 부티크 호텔로 여유 있는 일정을 원한다면 추천한다. 타이트한 유
적지 일정으로 잠만 청한다면 비추천이다.

주소: Junction of Oum Khun and 14th Street, Siem Reap, Cambodia

위치: 올드 프렌치 쿼터 인근, 올드마켓과 시내까지 도보로 이동 가능

연락처: 855-63-761-998

홈페이지: www.shintamani.com

보레이 앙코르 리조트 앤 스파(Borei Angkor Resort & Spa)

급수: ★★★★★

특징: 원목구조의 호텔 중 가장 고풍스러운 분위기를 풍기는 호텔이다. 로터스블랑 리조트와 동일하게 2012년 하반기에 리노베이션으로 외관이 업그레이드되었다.

주소: National Road 6, # 0369, Banteay Chas, Slorkram, Siem Reap, Kingdom of Cambodia

위치: 싸르시장 인근

연락처: 855-63-964-406

홈페이지: www.boreiangkor.com

미라클 앙코르 리조트 앤 스파(Miracle Angkor Resort & Spa)

급수: ★★★★★

특징: 씨엠립 5성급 호텔 중 우리나라 관광객에게 나름 인지도가 있는 호텔로 조식 뷔페 만족도가 높다. 압사라 앙코르와 마찬가지로 공항과 유적지 접근성이 뛰어나다.

주소: Route 6, Mondul 1, Sangkat Svay Dangkum Siem Reap, Kingdom of Cambodia

위치: 6번 국도 전통민속촌 바로 건너편, 소카라이 호텔 옆 건물

연락처: 855-63-969-902

홈페이지: www.angkormiracle.com

앙코르홈 호텔(Angkor Home Hotel)

급수: ★★★★☆

특징: 아담한 크기의 호텔로 로비 중앙이 뻥 뚫려있어 각층 복도 어디에서나 아래로 로비를 내려다볼 수 있는 독특한 구조이다. 전체적으로 분위기가 조용하며, 자유여행객에게 추천할 만한 호텔이다.

주소: Khum Svay Dangkum, Siem Reap, Kingdom of Cambodia

위치: 럭키몰, 로열 가든 인근

연락처: 855-63-96-97-97

홈페이지: www.angkorhomehotel.com

로터스블랑 리조트(Lotus Blanc Resort)

급수: ★★★★☆

특징: 2012년 최신 리노베이션을 통해 깔끔한 인테리어가 인상적이다. 컨디션은 5
성에 가까울 정도로 만족스럽다. 가격 또한 합리적이다.

주소: National Road 6, Kruos Village, Siem Reap, Kingdom of Cambodia

위치: 6번 국도

연락처: 855-63-965-555

홈페이지: www.lotusblancresort.com

소마데비 앙코르 호텔 앤 스파(Somadevi Angkor Hotel & Spa)

급수: ★★★★☆

특징: 우리나라 자유여행객들이 많이 찾는 호텔 중 하나이다. 객실 수가 많지 않고, 골목에 위치하여 단체관광객들이 찾지 않는다. 올드마켓과 펍 스트리트, 럭키몰까지 동선이 가까워 도보로 이동이 가능한 장점을 갖추고 있다.

주소: Sivatha Road, Mondol II Village, Svay Dangkum Commune, Siem Reap Angkor, Kingdom of Cambodia

위치: 럭키몰 인근, 올드마켓까지 도보 15분

연락처: 855-63-967-666

홈페이지: www.somadeviangkor.com

소마데비 앙코르 부띠크 앤 리조트(Somadevi Angkor Boutique & Resort)

급수: ★★★★★

특징: 소마데비 앙코르 호텔 앤 스파와 같은 계열이다. 기존 호텔은 4성이었지만 이번에는 5성급 부띠크 호텔이 신관으로 새롭게 오픈했다. 전체적으로 모던한 분위기를 풍기며 객실은 허니문 느낌이 나기도 한다.

주소: Oknha Oum Chhay Street, Mondul Ⅱ Village, Sangkat Svay Dangkum, Siem Reap Town, Kingdom of Cambodia

위치: 럭키몰 인근, 올드마켓까지 도보 15분

연락처: 855-63 962 666

홈페이지: www.somadeviangkorboutique.com

앙코르 에라 호텔(Angkor Era Hotel)

급수: ★★★★★

특징: 일반 트윈룸 기준으로 다른 호텔에 비해 객실 규모가 조금 큰 느낌이다. 조식 뷔페의 만족도가 높으며, 외관이 확 트여 있어서 첫인상이 좋다. 2013년 현재 새 객실들이 추가되었다. 단점은 6번 국도에 있지만 대부분의 호텔이 모여 있는 곳과는 거리가 다소 멀다.

주소: National Road 6, Phum Khnar, Khum Chreav, Siem Reap, Cambodia

위치: 6번 국도 외곽

연락처: 855-63-968-999

홈페이지: www.angkorera.com

그랜드 솔럭스 앙코르 팰리스 리조트 앤 스파
(Grand Soluxe Angkor Palace Resort & Spa)
2013 World Luxury Hotel Awards 럭셔리 호텔 부문 수상

급수: ★★★★★

특징: 2004년 앙코르 팰리스라는 이름으로 지어진 5성급 호텔이다. 2013년 리노베
이션을 통해 뉴빌딩이 생겨나고, 그랜드 솔럭스 앙코르 팰리스로 명칭을 변경
하였다. 직원들의 서비스에 대한 만족도가 높은 편이며, 전망이 확 트인 넓은
부지와 풀장으로 가족 관광객들에게는 안성맞춤이다.

주소: No. 555, Khum Svay Dang Khum, National Road 6, Siem Reap, Kingdom of
Cambodia

위치: 공항 방향의 6번 국도, 퍼시픽 호텔과 전통민속촌 인근

연락처: 855-63-760-511

홈페이지: www.grandsoluxeangkor.com

파크 하얏트 씨엠립(Park Hyatt Siem Reap)

급수: ★★★★★

특징: 기존의 드 라팩스 호텔(De La Paix) 자리에 리노베이션으로 2013년 8월 오픈한 5성급 호텔이다. 파크 하얏트는 전 세계 유명 체인인 하얏트 계열 중 하나로서 외관부터 고풍스러운 느낌을 풍긴다. 투숙비용은 체인 호텔답게 꽤 높은 편이다. 평균 250~300$로 씨엠립 5성급 호텔들 중 최상급에 해당한다. 외관부터 객실까지 전체적으로 화이트와 파스텔 톤의 색상이 조화를 이루어, 현대적이고 편안한 분위기로 가득하다. 호텔 브랜드와 가격이 말해주듯 최상의 서비스를 제공하고 있다. 저녁에 이곳을 지나가게 된다면 입구 기둥에서 성화처럼 불기둥이 활활 솟아오르는 이색적인 장면도 볼 수 있다.

주소: Sivutha Boulevard. Siem Reap, Kingdom of Cambodia

위치: 시바타 로드 KFC 건너편

연락처: 855-63-211-234

홈페이지: www.siemreap.park.hyatt.com

리 앙코르 호텔(Ree Angkor Hotel)
2013 World Luxury Hotel Awards 럭셔리 부띠크 부문 수상

급수: ★★★★☆

특징: 6번 국도 호텔 밀집지역에 위치한 4성급 호텔이다. 호텔 입구에 세워진 싱가포르의 머라이어 석상이 인상적이다. 2013 World Luxury Hotel Awards 럭셔리 부띠크 부문에서 수상 받은 호텔이지만, 개인적으로는 무난하고 깔끔한 4성급 호텔이 적당한 듯하다. 추천할 만한 의미는 충분하지만, 수상 받은 호텔이라는 이유로 기대심을 부풀리진 말자.

주소: National Road 6, (Airport Road) Phum Krous, Sangkat Svay Dongkom, Siem Reap, Cambodia

위치: 공항 방향의 6번 국도, 퍼시픽 호텔과 전통민속촌 인근

연락처: 855-63-766-888

홈페이지: www.reehotel.com

타라 앙코르 호텔(Tara Angkor Hotel)

급수: ★★★★☆

특징: 앙코르와트 유적지와 가장 가까운 4성급 호텔이다. 아시아인보다 유로피언들이 자주 찾는 호텔로 화이트 색상을 기본으로 세련된 디자인이 인상적이다. 또한 아고다를 비롯한 각종 호텔사이트에서 호의적인 평가가 돋보인다. 시내와 조금 떨어져 있지만, 앙코르국립박물관과 와트마이 등 유적지와 가까운 이점이 있다. 호텔 웹사이트에서 한글을 지원하니 세부적인 정보를 얻도록 하자.

주소: Vithei Charles de Gaulle, Phum Mondul Ⅲ, Slorkram, Siem Reap, Siem Reap, Kingdom of Cambodia

위치: 소카 호텔 사거리에서 앙코르와트 유적지 방면, 소피텔 호텔 인근

연락처: 855-63-966-661

홈페이지: www.taraangkorhotel.com

리젠시 앙코르 호텔(Regency Angkor Hotel)

급수: ★★★★☆

특징: 2013년 12월에 오픈한 캄보디아 전통스타일의 4성급 호텔이다. 앙코르와트 유적지와 가장 가까운 호텔 중 하나이며, 로비에서 객실로 향하는 확 트인 계단이 인상적이다. 오픈한 지 2년이 채 되지 않아 동급 호텔들에 비해 깔끔한 편이다. 정식 5성 호텔 허가를 목표로 운영하고 있다.

주소: Vithei Charles de Gaulle, Phum Mondul Ⅲ, Khum Slorkram, Siem Reap, Cambodia

위치: 소카 호텔 사거리에서 앙코르와트 유적지 방면, 소피텔 호텔 인근

연락처: 855-63-767-700

홈페이지: www.regencyangkor.com

엠프레스 앙코르 호텔(Empress Angkor Hotel)

급수: ★★★★☆

특징: 호텔들이 모여 있는 6번 국도에 위치해 있다. 4성급 호텔이지만 리노베이션을 통해 엠프레스 레지던스라는 이름으로 객실이 다수 추가되었다. 레지던스의 객실 컨디션은 기존 5성에 견줄만하다. 하지만 입구 및 부대시설은 엠프레스 앙코르와 동일하며, 별도의 건물이 존재하지는 않는다. 공식 홈페이지에는 노출이 되지 않으며, 호텔 아고다와 같은 예약 사이트를 통해서 따로 구별해서 확인할 수 있다.

주소: National Road 6, Siem Reap, Kingdom of Cambodia

위치: 공항 방향의 6번 국도, 로열 앙코르와 미라클 호텔 사이

연락처: 855-63-963-999

홈페이지: www.empressangkor.com

린라타낙 앙크르 호텔(Lin Ratanak Angkor Hotel)

급수: ★★★★☆

특징: 2005년에 지어진 4성급 호텔이다. 9년이 지났지만 깨끗한 객실 상태와 저렴한 가격을 유지하고 있어서 자유여행객들이 많이 찾는다. 씨엠립 대부분의 호텔들이 6번 국도에서 마주 보고 있지만, 이곳은 골목 안에 위치하여 초행길이라면 찾기가 쉽지 않다. 프싸르 방향의 6번 국도에서 보레이 호텔을 먼저 찾은 후 맞은편을 거닐다 보면 찾을 수 있다. 이동 시 툭툭이를 이용하도록 하자.

주소: National Road 6, PhumBanteay Chas, Khum SlorKram, Siem Reap District, Siem Reap Province, Cambodia

위치: 6번 국도 싸르시장 방향(공항 반대 방향), 보레이 호텔 인근

연락처: 855-63-969-888

홈페이지: www.linratanakangkor.com

린나야 어반 리버 리조트(Lynnaya Urban River Resort)

급수: ★★★★☆

특징: 호텔 규모가 크지 않아 옆에 있는 식당과 같은 건물로 보일 수도 있다. 하지만 입구로 들어가면 자연친화적인 방갈로가 먼저 눈에 띈다. 현지식 방갈로가 아닌 깔끔한 모던스타일로 독립적으로 분리되어 있다. 방갈로 객실 외에도 디럭스룸, 스위트룸이 있으며 세 가지 룸 타입 모두 군더더기 없이 깔끔한 디자인을 고수하고 있다. 아직까지 한국 여행객은 드물어, 조용히 휴식을 취하며 시간을 보낼 여행이라면 권하고 싶은 곳이다.

주소: Lynnaya Boutique Hotel, Street 20 Krong Siem Reap, Cambodia

위치: 소카 사거리 우측 강 건너 아래쪽

연락처: 855-63-967-755

홈페이지: www.lynnaya-hotel-angkor.com

씨엠립
추천 게스트하우스 소개

압사라 앙코르 게스트하우스(Apsara Angkor Guesthouse)

특징: 한인 게스트하우스로 여행객에게는 이미 검증된 추천 숙소! 운영자가 한국인인 만큼 유익한 여행정보를 얻을 수 있고 현지 투어예약도 가능하다. 자세한 예약 및 문의는 네이버 카페를 참고하자. 3박 이상 투숙 시 툭툭이 공항픽업 서비스도 제공된다(24시 이전).

주소: N0. 279, Taphul Village, Sangkat Svay Dangkum, Siem Reap, Kingdom of Cambodia

위치: 스타마트 인근

이용요금: 싱글룸-12$, 성수기(12~2월, 7~8월)-15$

연락처: 855-17-917-150

홈페이지: cafe.naver.com/apsaraangkor

더 유니크 앙코르 빌라(The Unique Angkor Villa)

특징: 펍 스트리트와 나이트마켓이 가까워 이동이 용이하다. 자전거 무료대여가 가
　　　능하며 3박 투숙 시, 전신마사지 1시간을 무료 제공한다.

주소: #558, Steung Thmey Village, Sangkat Svaydangkum, Siem Reap Munici-
　　　pality, Angkor Wat, Kingdom of Cambodia

위치: 나이트마켓 인근

이용요금: 싱글룸 약 16$

연락처: 855-63-966-597

홈페이지: www.theuniqueangkorvilla.com

더 문 빌라 앤 스파(The Moon Villa & Spa)

특징: 음식과 서비스 모두 만족도가 높은 곳! 공항픽업 서비스를 무료로 제공한다.

주소: Sivatha Road, Phum Steung Thmei, Svay Dangkhum, Siem Reap, Cambodia

이용요금: 트윈룸 약 20$

위치: 스타마트 인근

연락처: 855-63-968-567

홈페이지: www.themoonvilla.com

빅토리 게스트하우스(Victory Guesthouse)

특징: 깔끔한 객실 컨디션을 자랑한다. 오믈렛과 빵 등 제공되는 요리가 16가지나 되어 하루하루 주문하는 재미가 쏠쏠하다. 조식 후에는 테라스 의자에 앉아 여유를 만끽할 수 있는 것도 이곳의 장점이다.

주소: Road 6 taphoul village svaydungkom commune siem reap province

위치: 스타마트 가기 전 앙코르 파라다이스 호텔 인근

이용요금: 싱글룸 14$(에어컨 포함)

연락처: 855-12-516-566

홈페이지: www.victoryguesthouse.com

야마토 게스트하우스(Yamato Guesthouse)

특징: 일본인 게스트하우스로 식사가 맛있기로 유명하다. 투숙을 하지 않아도 규동 (소고기덮밥)과 돈가스를 먹기 위해 오는 여행객도 꽤 된다. 저렴한 만큼 깔끔 한 객실을 기대하기는 힘들다.

주소: #311 National Road No.6 Taphol Village, Svay Dangkum, Siem Reap, Cambodia

이용요금: 싱글룸 10$

위치: 스타마트 인근, 압사라 앙코르 게스트하우스 옆

홈페이지: www.krormayamato.com

씨엠립
추천 맛집 소개

네스트(Nest Angkor Cafe Bar)

특징: 노천 레스토랑을 원한다면 네스트만한 곳이 없다. 이름에서 알 수 있듯이 편안한 보금자리 역할을 충실히 해주는 레스토랑 겸 카페이다. 이미 자유여행객에게 입소문이 퍼져 있을 정도로 유명해졌다. 무엇보다 일반 테이블 외에 침대소파가 따로 마련되어 있어 관광객 대부분이 저녁시간에 방문하여 일정의 피로를 풀면서 휴식을 취한다.

주소: Sivatha Boulevard | (Right Next to Mekong Hotel), Siem Reap 17252, Cambodia

이용시간: 11:30~(손님의 유무에 따라 보통 23:00 전후에 마감)

이용요금: 메인식사-10~12$, 커피&음료-2~5$

연락처: 855-63-966-381

홈페이지: www.nestangkor.com

짠레이 트리(Chanrey Tree)

특징: 씨엠립 크메르 음식 전문 레스토랑 중 외국인 입맛에 가장 잘 맞는 곳이다. 독특한 실내외 인테리어 디자인이 분위기를 한껏 살려준다. 실내 2층에는 에어컨이 있어 시원한 컨디션에서 식사를 할 수 있으며 계산 시 신용카드 사용이 가능하다.

주소: Pokombo Ave, Siem Reap 12,000, Cambodia

이용시간: 점심 11:00~14:30, 저녁 18:00~22:30

이용요금: 메인식사 5~12$

연락처: 855-63-767-997

홈페이지: www.chanreytree.com

톤레샵 레스토랑(Tonle Sap Restaurant)

특징: 캄보디아 전통 민속공연인 '압사라 댄스(Apsara Dance)'를 보며 식사를 할 수 있는 레스토랑이다. 쇼는 저녁 7시에 시작하며, 식사는 뷔페식으로 자유롭게 음식을 먹으며 쇼를 관람할 수 있는 묘미가 있다. 뿐만 아니라 아침 6시부터 쌀국수, 딤섬 등 조식을 제공하기도 한다.

주소: No. 117, National Road #6, Khum Svay Dangkum, Siem Reap 855, Cambodia

이용시간: 06:00~20:00

이용요금: 뷔페&공연 약 11$

연락처: 855-63-963-388

홈페이지: www.cambodiarestaurants.com/tonlesap

후지야마(Fujiyama)

특징: 주머니가 가벼운 여행자들에게 안성맞춤인 일본음식점이다. 시원하고 매콤
한 가라이 라멘($3)이 일품이며. 오꼬노미야끼와 카레 라멘 등 기본적인 일본
식사를 제공한다.

주소: Sivatha Road, Next to National Bank, Siem Reap, Cambodia

이용시간: 10:00~21:00

이용요금: 가라이 라멘(3$), 카레라이스(5$), 솜땀(파파야무침, 2$) 등

연락처: 855-77-352-121

마하라자(Maharajah)

특징: 올드마켓 인근의 인도음식 전문점이다. 인도식 커리를 맛보고 싶다면 주저 말고 찾아가자. 적절히 태워 검게 그을린 탄두리 치킨과 난, 커리와의 조합이 국내에서는 보기 드문 인도음식의 맛을 느끼게 해준다.

주소: Sivatha Rd, Krong Siem Reap, Cambodia

이용시간: 11:00~22:00

이용요금: 커리(3~4$), 탄두리 치킨(7$), 음료(1~3$)

연락처: 855-63-966-221

블루문 아케이드(BlueMoon Arcade)

특징: 캄보디아를 방문하는 관광객들과 현지인들에게 한국의 문화와 상품들을 알리기 위한 목적으로 세운 복합상가이다. 카페 블루문으로 처음 개장하여, 지금은 힐링 타임을 위한 파라다이스 스파, 관광객들을 위한 200여 석의 무료 테이블이 준비되어 있고, 한국식 치킨 체인점, 한식당, 미니마트가 입점되어 있다. 공항 방면 6번 국도의 호텔에 투숙 중이라면 인근 상가 중 가장 추천할 만한 곳이다.

주소: National Road No 6, Krous Village, Sangkat Sala Kanseng, Siem Reap City, Siem Reap

이용시간: 카페 08:00~22:00(다른 상가들도 동일)

이용요금: 주스(2~3$), 아이스크림류(3~5$)

연락처: 855-12-787-700

타이타이 레스토랑(Thai Thai Restaurant)

특징: 소카 호텔의 맞은편에서 쉽게 찾을 수 있는 태국음식점이다. 꾸밈이 많은 관광 식당이 아닌 자연스러운 로컬식당 느낌이 강하다. 메뉴판 또한 직접 제작하였 다. 사진 속 음식이 맛있어 보이진 않지만, 한 입 먹어보면 태국 현지 음식 못지 않게 뛰어난 식감을 자랑한다. 게살볶음밥과 솜땀, 그리고 대표 음식인 팟타이 를 추천한다.

주소: #E1-E2 Siwatha Rd. | Modol 2 K.H. Svaydangkum, Siem Reap, Cambodia
이용시간: 08:00~22:00
이용요금: 메인음식(3~8$), 팟타이(3$)

하드락 카페(Hard Rock Cafe Angkor)

특징: 레스토랑 체인이다. 전 세계 주요 도시에 120개 이상의 점포가 있으며 그중 씨
엠립은 떠오르는 핫플레이스인 킹스로드에 정착했다. 총 2층으로 구성되어
있는데, 1층은 야외 공간을 비롯한 레스토랑 공간이 숍과 연결되어 있고, 2층
또한 레스토랑으로 사용되고 있다. 메뉴는 에피타이저를 시작으로 버거류, 샐
러드, 스모키하우스류, 샌드위치, 디저트까지 여행객의 입맛을 고려하여 다양
하게 준비되어 있다. 세계적인 체인 레스토랑이라 그런지 씨엠립 물가에는 어
울리지 않은, 다소 비싼 가격이 형성되어 있지만 웬만한 호텔보다 서비스가 좋
다는 후문이 많아 오히려 만족도가 높은 편에 속한다. 목, 금, 토요일 저녁 8시
30분에는 라이브공연이 펼쳐지기도 하니 참고하도록 하자.

주소: King's Road Angkor 7 Makara, Achar Sva Street Street 27 | Watbo Village,
Siem Reap, Cambodia

이용시간: 11:00~24:30

이용요금: 버거(13~14$), 차&커피(2~4$), 샌드위치(10~11$), 디저트(5~8$)

연락처: 855-93-565-655

홈페이지: www.hardrock.com/cafes/angkor

템플 2호점(Temple)

특징: 펍 스트리트에 있는 식당이자 펍이다. 분위기가 좋고 2층에서 무료로 압사라 공연을 관람할 수 있어 이미 인기가 절정이다. 이에 힘입어 2015년 상반기에 2호점이 오픈했다. 뉴 템플은 3층으로 이루어져 있으며, 1층은 카페, 2층은 레스토랑, 3층은 스카이라운지다. 한 층 업그레이드된 템플의 분위기를 만끽해 보자.

위치: 킹스로드 인근

이용시간: 07:00~01:00

이용요금: 스테이크(12~13$), 주스(2.5$), 스파게티&버거류(4~6$)

연락처: 855-89-999-909

PTT 주유소 상가

특징: 2015년 7월 오픈한 상가이다. 6번 국도 길가에 PTT 주유소가 들어서면서 휴게
소 내 편의점을 비롯하여 햄버거 가게인 마이크 버거, 아마존 커피숍, 파스타
및 볶음 국수, 샌드위치 등을 판매하는 블랙캐년 식당이 입점하여 6번 국도의
새로운 상가로 떠오르고 있다.

위치: 공항방향의 6번 국도, 쟈스민 한국 베이커리 맞은편

이곳저곳! 씨엠립 시내

국립박물관
그랜드 호텔 당코르
왓보 사원 압사라 댄스 교육장

앙코르 쿤춤리
유적가는길
사바타거리
소마 앙코르
빅토리아 호텔
로열독립공원
라노라아
폰레샵 레스트랑
타이타이

6번도로
왕궁
압방도블
프놈펜·싸르방탓 →
보레이 앙코르 호텔

스타마트 (커피가 맛있는 집)
빅토리 게스트하우스
더매모리드 호텔
John Mccimxxt 갤러리
럭키몰
꼴렌 씨 압사라 공연장
FGC 앙코르 호텔

프린스 앙코르 호텔
신타마니
시또 디스 앙코르

대박 2
네스트
신타마니
시드니
소미더비 호텔
현지 식당가
라 레지던스 앙코르

고등학교
앙코르 소아병원
앙코르 몬디알

대박 1
KFC
파크햐앗트 호텔
럼본거리
왓보거리
Mr 그릴
왓토오

ALASKA 마사지숍
주앙시장 Pasb Kandal
리베라 앙코르
시티리버

재활용센터
주립병원
앙코르메아스
왓 쁘라아 프롬랏
압사라 극장

나이트마켓
블루펌킨
앙코르 나이트마켓
논나이트 나이트마켓 마켓
앙코르 빌리지

올드마켓
쎈트르 둑 앙코르
앙코르 트레이드 센터
킹스로드 하드락 마께 로열 그라쓩

아트센터 나이트마켓
따프로
세베르포인트 레지하우스
이디산 앙코르 게스트하우스多

앙코르와트,
지금
이 순간

초판발행 2013년 12월 9일
초판 4쇄 2019년 1월 11일

지은이 김문환
펴낸이 채종준
기 획 지성영
편 집 백혜림
디자인 조은아
마케팅 황영주 · 한의영

펴낸곳 한국학술정보(주)
주소 경기도 파주시 회동길 230(문발동)
전화 031 908 3181(대표)
팩스 031 908 3189
홈페이지 http://ebook.kstudy.com
E-mail 출판사업부 publish@kstudy.com
등록 제일산-115호(2000. 6. 19)

ISBN 978-89-268-7088-4 03980